BOTANISCHE ABHANDLUNGEN

AUS DEM GEBIET

DER MORPHOLOGIE UND PHYSIOLOGIE.

HERAUSGEGEBEN

VON

Dr. JOHANNES HANSTEIN,

PROFESSOR DER BOTANIK AN DER UNIVERSITÄT BONN.

ZWEITER BAND.

ZWEITES HEFT.

Untersuchungen über Pollen bildende Phyllome und Kaulome
von Dr. Eug. Warming.

BONN,

BEI ADOLPH MARCUS.

1873.

UNTERSUCHUNGEN

ÜBER

POLLEN BILDENDE PHYLLOME UND KAULOME.

VON

DR. EUG. WARMING.
DOCENTEN DER BOTANIK AN DER UNIVERSITÄT ZU KOPENHAGEN.

MIT 6 LITHOGRAPHIRTEN TAFELN.

BONN,
BEI ADOLPH MARCUS.
1873.

Untersuchungen

über

Pollen bildende Phyllome und Kaulome.

Der Zweck der vorliegenden Abhandlung ist, zur genaueren Kenntniss der Entstehung der Pollen-Urmutterzellen und der Ausbildung der Antherenwand einen Beitrag zu geben; alle diejenigen Zellbildungs-Processe, welche in inniger Beziehung zur Bildung der Pollen-Körner selbst stehen, und schon so oft Gegenstand der Untersuchung waren, sind dagegen hier unberücksichtigt geblieben.

Die hier publicirten Untersuchungen sind schon im Sommer 1871 angefangen, aber doch hauptsächlich im letzt verflossenen Sommer betrieben worden, bis ich dieselben Anfang September abbrechen musste, indem ich, durch äussere Verhältnisse verhindert, sie in verschiedenen Punkten nicht habe so weit führen können, wie es mir erwünscht war. Wenn ich diese Beobachtungen dennoch publicire, so geschieht es, weil ich einerseits schwerlich in der nächsten Zeit hinreichende Musse finden werde, um die Arbeit wieder aufzunehmen und weil ich andrerseits doch glaube, dass meine Resultate zahlreich genug und von so allgemeiner Bedeutung sind, dass ich es wagen darf, sie dem gelehrten Publikum vorzulegen. —

Die Abhandlung zerfällt in zwei Abschnitte, deren erster die Entwickelungsgeschichte der Staubblätter zum Object hat, der andere einige Staub entwickelnde Kaulome einer Betrachtung und einer Vergleichung mit den Staubblättern in Bezug auf die Zellenbildungsprocesse unterwirft.

1. Entwickelungs-Verhältnisse Pollen bildender Phyllome.

Indem ich zunächst mit meinen eigenen Untersuchungen anfange, beginne ich mit der Betrachtung der *Datura Stramonium,* weil diese wegen der Grösse ihrer Antheren und der Zellen derselben und wegen der übrigen klar hervortretenden ziemlich extremen Verhältnisse ein ungemein günstiges Object abgiebt, das ich allen denjenigen, welche sich Demonstrations-Präparate machen wollen, empfehlen kann.

Datura Stramonium.

(Taf. 1, Fig. 1—12.)

Selbst eine so weit entwickelte Anthere wie die Fig. 6, Taf. 1 abgebildete wird uns schon durch die blosse Betrachtung der Ordnung der Zellen den Entwickelungsgang der Bildung der Wand- und der Pollen-Urmutterzellen ziemlich deutlich und correct auffassen lassen. Gehen wir von der Oeffnungs-Naht (m) der Anthere aus. Unter der die ganze Anthere bekleidenden scharf begrenzten Epidermis-Schicht finden wir hier zwischen den Zellen a und b eine einfache erste Periblem-Schicht; nur zwei der Zellen haben sich tangential getheilt. Gehen wir aber von b aufwärts oder von a abwärts, so tritt es deutlich hervor, dass die folgenden Zellen dieser Schicht sich mehrmals besonders durch tangentiale Wände getheilt haben; einerseits lässt sich nämlich die alte innere Grenzlinie jener Schicht deutlich von der ungetheilten Partie derselben innerhalb der getheilten in genauester Continuität hinweg verfolgen bis zum Connexive hin, wo sie verwischt wird; andererseits liegen die durch die Theilungen entstandenen Zellen so regelmässig geordnet und so deutlich in radialen Reihen, den ursprünglichen Periblem-Zellen entsprechend, dass von den gröberen Zügen des Entwickelungsganges kein Zweifel übrig bleiben kann. Ferner zeigt sich, dass die in einer Periblem-Zelle aufgetretenen tangentialen Wände mit denen der Nachbarzellen dergestalt correspondiren, dass sie ziemlich genau fortlaufende, den Grenzlinien der einfachen Schicht parallele Linien bilden; besonders gilt dies für die Aussenwände der inneren grossen Zellen (p—p). Da sie nun aber auf Längsschnitten betrachtet (Fig. 5 u. 8) in derselben Beziehung zu einander stehen, so sehen wir also die erste Periblem-Schicht an vier Stellen der Anthere mehrschichtig geworden. Es haben sich Zell-Schichten gebildet, die man wohl sekundäre Periblem-Schichten nennen kann. Von diesen zeichnet sich die innerste vor den anderen durch die Grösse und die kubische Form ihrer Zellen sowohl, wie durch ihren Reichthum an Protoplasma, ihr stärkeres Lichtbrechungsvermögen und die Quellung der Zellenwände deutlich aus. Sie ist daher durch stärkere Zeichnung der Wände kenntlich gemacht. Von dieser Zellen-Schicht stammen die Pollen-Zellen ab, und sie ist daher als Urmutterzellen-Schicht des Pollens zu bezeichnen.

Was schon die Betrachtung dieses einen Querschnitts ergiebt, stellt die Verfolgung der Entwickelung von den jüngsten zu den ältesten Zuständen in ein noch weit klareres Licht.

In Fig. 2 ist die Hälfte des Querschnittes durch eine ganz junge Anthere, etwa der in Fig. 1 abgebildeten ähnlich, dargestellt. In der Mitte der Anthere beobachtet man schon den Fibrovasalstrang, f, durch die kleineren Zellenräume erkennbar; zwei Periblem-Schichten decken ihn oben und unten, von welchen besonders die erste scharf begrenzt ist. Aber schon in diesem Stadium wird man an den vier Kanten der jungen Anthere tangentiale Theilungen in den Zellen dieser Schicht entdecken können; die Theilungswände (1—1) gehen ziemlich genau durch die Mitte der Zellen und schliessen sich einander genau an, so dass sie fortlaufende Linien bilden. Ausser diesen primären Theilungswänden sind aber noch andere zum Vorschein gekommen, und zwar alle in den äussersten der primären Tochterzellen; einige sind tangential (2), andere radial, also jenen primären tangentialen senkreckt aufgesetzt (r).

In Fig. 3—4 ist die Entwickelung um einen kleinen Schritt weiter gekommen. Die primären tangentialen Theilungswände (1—1) lassen sich leicht wieder finden; die in den äusseren Tochterzellen auftretenden (2—2) sind aber zahlreicher geworden, drei auf jeder Figur, und eine radiale (r) in Fig. 12. Aber schon ist in Fig. 11 eine radiale (r) höherer Ordnung hinzugekommen, welche die äusserste der beiden durch die Wand 2 gebildeten Tochterzellen theilt. Die inneren primären Tochter-Zellen (p—p) sind sämmtlich ungetheilt.

Hätten wir statt der Querschnitte durch die Anthere Längsschnitte untersucht, so würden wir ganz ähnliche denselben Entwickelungsgang darstellende Bilder gesehen haben. Fig. 5 zeigt uns eine Partie eines solchen Schnitts durch den basalen Theil einer Anthere, die auf demselben Entwickelungs-Stadium sich befindet, wie die in Fig. 3—4 abgebildeten: die am Grunde derselben scharf differenzirte und ungetheilte erste Periblem-Schicht wird höher hinauf, von n ab, getheilt. Gleich am Anfang der getheilten Partie treffen wir die primären tangentialen Wände (1), genau die Periblem-Zellen halbirend, und wir sehen, wie schon bemerkt, dass sie auf Längsschnitten wie auf Querschnitten einander entsprechen, so dass zwei wirkliche Schichten gebildet worden sind. Ferner sehen wir in den äusseren der primären Tochterzellen; dieselben sekundären tangentialen Theilungswände (2—2), die wir an den Querschnitten beobachteten, hier und da auftreten; die radialen (senkrechten) können wir selbstverständlich jetzt nicht sehen, aber anstatt ihrer entdecken wir horizontale Theilungswände (h), welche auf den Querschnitten nicht wahrnehmbar waren, und zwar treten auch sie in den äusseren der primären Tochterzellen hervor. In einer der inneren ist indessen doch eine ähnliche zum Vorschein gekommen. Es ist also eine ächte Würfeltheilung, die in den äusseren primären Tochterzellen angefangen hat, bei der die tangentialen Theilungen überwiegen, und dass diese auf die nämliche Weise fortgesetzt wird, zeigt das Folgende.

Die Querschnitte Fig. 6—7 und der im Entwickelungsgrad diesem entsprechende Längsschnitt Fig. 8 lehren den nächsten Schritt der Zellenbildung kennen. Die ganze Reihe tangentialer Theilungen zweiter Ordnung ist zum Vorschein gekommen, die der dritten fangen an, indem wie vorher auch einzelne horizontale und radiale Theilungen stattfinden. Die tangentialen treten fast alle in den äusseren der letztgebildeten Tochterzellen auf, sie halbirend, finden sich aber nur noch hier und da. Die Schicht der Pollen-Urmutterzellen ist wesentlich unverändert; da wir jedoch an Fig. 6 u. 8 tangentiale und an Fig. 6 (in der unteren Hälfte) radiale Wände entdecken können, und wir schon oben an Fig. 5 eine horizontale beobachteten, so haben wir hier somit alle drei Theilungswände, die in den Wandzellen auftreten, wiedergefunden, aber sehr sparsam.

Die tangentialen Wände dritter Ordnung kommen jetzt alle zum Vorschein und schliessen sich mehr oder weniger genau zusammen, so dass die entstandenen Tochterzellen Schichten bilden (Fig. 9), und danach treten tangentiale Wände vierter Ordnung auf (Fig. 10), und zwar wieder in centrifugaler Folge. Zu gleicher Zeit fangen bedeutende Veränderungen an sich in der innersten der Wand-Schichten, der in Fig. 10 mit t—t bezeichneten, links vor den Pollen-Urmutterzellen liegenden Schicht, zu zeigen: ihre Zellen theilen sich durch horizontale und radiale Wände und werden mehr kubisch (schon in Fig. 8 u. 9 kommen Andeutungen hiervon zum Vorschein), und färben sich dann auch gelb. Dieselben Veränderungen erleiden aber auch alle die Zellen, welche an den anderen Seiten die Pollen-Urmutterzellen umgeben und welche nicht von der ersten Periblem-Schicht abstammen (die Zellen t—t rechts vor den Pollen-Zellen in Fig. 10). Dadurch werden die Pollen-Mutterzellen nach allen Richtungen hin von einer solchen einfachen Zellenschicht umgeben, welche Hülle später als eine Tapete die Wände des Faches bekleidet, doch nur auf kurze Zeit.

Wir erkennen diese Auskleidung an der Fig. 12 (einen Theil von Fig. 11 darstellend) in den mit t—t bezeichneten Zellen. Diese fangen jetzt an in radialer Richtung bedeutend zu schwellen und unregelmässiger zu werden: der erste Schritt zur Auflösung. Im Fache selbst liegen jetzt die Mutterzellen des Pollens von einander getrennt, und in Tetradenbildung begriffen. Wie wir gesehen haben, bleiben die Urmutterzellen fast alle ungetheilt, indem nur eine ganz unbedeutende Würfeltheilung Statt hat; wir werden somit annehmen müssen, dass jene durch die ersten Tangential-Theilungen von den Zellen der ersten Periblem-Schicht gebildeten inneren Tochterzellen fast alle direct zur Bildung der in Tetraden entstehenden Zellen schreiten.

Dieselbe Fig. 12 zeigt noch eine Vermehrung der Zellen der Wand, indem circa vier Schichten ausserhalb der Tapeten-Zellen gebildet sind, während die Fig. 10 nur drei aufzuweisen hat. Dass diese Zunahme durch Theilung vorzugsweise der äusseren letztgebildeten Tochterzellen geschieht, habe ich an mehreren Stellen deutlich gesehen; aber auch in den anderen Zellen treten Theilungen auf, und die grosse Regelmässigkeit und schichtenweise Anordnung der Wandzellen, welche besonders in den jüngeren Entwickelungszuständen zu sehen war, geht in der der Reife nahen Anthere zum Theil verloren.

Das Schicksal dieser Wandzellen ist folgendes. Nachdem die auskleidenden Zellen aufgelöst worden sind, kommt die Reihe an die mittleren Wand-Schichten, von denen in der Regel mehrere verschwinden so dass nur die äussersten zurückbleiben, deren Zellen als Spiralfaserzellen ausgebildet werden. Die Wand der reifen Anthere, welche ich nicht abgebildet habe, weil sie bei Chatin[1]) schön gezeichnet zu sehen ist, besteht also schliesslich nur aus der Epidermis, deren Zellen sich als unregelmässige Papillen hervorheben, und den Spiralfaserzellen, von der ursprünglichen ersten Periblem-Schicht abstammend. An den Rändern der Klappen treten sie nur in 1—2 Schichten auf, nach dem Connexive hin aber in immer grösserer Mächtigkeit, so dass der Grund jeder Klappe aus 4—5 Schichten derselben besteht. Die Epidermis bleibt an der Naht ungetheilt, d. h. sie wird nicht wie in anderen Fällen durch tangentiale Wände getheilt. Dagegen entsteht durch Theilungen der Periblem-Zellen ein kleinzelliges Gewebe zwischen den beiden Fächern einer Antherenhälfte an der Sutur.

Ueber den Bau des Connexivs etc. ist folgendes zu bemerken. Das den mächtigen Fibrovasal-Strang umgebende Parenchym ist locker und wird früh mit lufterfüllten Intercellularräumen so weit versehen, wie die Querschnitte Fig. 7 u. 11 dunkel gezeichnet sind; selbst in die Klappen hinein zieht sich dieses Gewebe. Der von dem im Querschnitte halbmondförmigen Antherenfache umfasste Raum ist dagegen längere Zeit von kleineren, dichter an einander schliessenden Zellen erfüllt. Eine Zellentheilung des innerhalb der ersten Periblem-Schicht folgenden Parenchyms hat hier stattgefunden, und die blosse Betrachtung des fertigen Zustandes, wie z. B. der Fig. 6, zeigt, dass die Theilungswände vorzugsweise tangential gewesen sind, und die gebildeten Zellen sind daher auf Querschnitten in etwas unregelmässige radiale, bei *Datura* aber wenig deutliche, Reihen geordnet. Dieses Gewebe, das später auch luftführende Intercellularräume und Krystalldrüsen enthält, bildet die von Chatin zuerst besprochenen sogenannten »Placentoiden«. —

Die Entwickelung der Anthere bei *Datura Stramonium* ist also kurz folgende:

In der ganz jungen Anthere differenzirt sich erst der Fibrovasal-Strang aus dem unter der zweiten Periblem-Schicht folgenden Gewebe.

Durch die ersten in den Zellen der ersten Periblem-Schicht an

1) De l'anthère, Tab. XVIII, Fig. 3.

den vier Ecken der Anthere auftretenden tangentialen Halbirungs-Wände werden nach innen zu die Pollen-Urmutterzellen gebildet (doch sind nur die mittleren der nach innen abgetrennten Zellen solche; die an den Rändern liegenden nehmen auf andere Weise an dem Aufbau der Anthere Theil); diese bilden ganze auf Querschnitten halbmondförmig gebogene (einfache) Schichten und keine einfachen senkrechten Zellenreihen.

Die Urmutterzellen werden sehr sparsam getheilt; vereinzelte Theilungswände von den drei verschiedenen Kategorien (tangentiale, horizontale und radiale) treten zuerst auf [1]). Aber der bei weitem grösste Theil schreitet unmittelbar zur Bildung der Tetraden-Zellen.

Die äusseren der durch die erste Theilung gebildeten Zellen constituiren die Urmutter-Zellen der Wandschichten; durch Zellentheilung nach den drei Richtungen des Würfels, die hauptsächlich centrifugal fortschreitet, gehen aus ihnen bis 5 und mehr Schichten hervor. Die innerste den Pollenzellen angrenzende von diesen Schichten, hauptsächlich aus sekundären Tochterzellen bestehend, wird schliesslich durch horizontale und häufige radiale Wände in mehr kubische Zellen zerlegt, und bildet mit den den Pollen-Zellen nach den anderen Seiten zu angrenzenden Zellen eine durch eigenthümliche Farbe, radiale Streckung und chemisches Verhalten charakterisirte Auskleidung des Faches; dieselbe wird ganz aufgelöst. Von den übrigen Schichten werden nur die äussersten nicht resorbirt, ihre Zellen bilden die Spiralfaser-Zellen der ausgebildeten Wand [2]).

Von dieser Basis ausgehend, werden wir nun andere Beispiele zur Betrachtung nehmen.

Wesentlich übereinstimmend mit *Datura* sind die anderen Solanaceen, die ich untersucht habe; doch zeigen sich einige Verschiedenheiten, welche uns das Wesentliche des Vorganges bei jener besser kennen lehren.

---

1) Die dadurch gebildeten Zellen können, im Gegensatze zu jenen primären, »Mutterzellen« des Pollens genannt werden.

2) Alle diejenigen aus der ersten Periblem-Schicht auf die geschilderte Weise entstehenden Zellenschichten können »sekundäre Periblem-Schichten« genannt werden.

Scopolia atropoides.

(Taf. 2, Fig. 11—17.)

Schon in dem jungen Stamen, das nur noch als kleiner, auf Querschnitt ovaler, Höcker hervortritt, fängt die Bildung des Fibrovasal-Stranges an (f, Fig. 11), erst auf wenige Zellen in der Mitte beschränkt, dann mehr um sich greifend, bis in der älteren Anthere nur noch die erste Periblem-Schicht (und die Epidermis) denselben deckt (Fig. 14). Die erste Periblem-Schicht ist ziemlich bestimmt differenzirt, aber es dauert noch lange, ehe die tangentialen Theilungen in ihr beginnen; zwischen ihr und dem Fibrovasal-Strange füllt ein unordentliches Gewebe das Staubblatt aus.

In höherem Grade, als es bei *Datura* der Fall war, kommen die Placentoiden Chatins hier zur Ausbildung und spielen deshalb eine für das Aeussere der Anthere bedeutendere formgebende Rolle. Dies geht aus einer Betrachtung des Querschnitts Fig. 13—14 hervor, an welchem man die Placentoiden innerhalb der ersten (getheilten) Periblem-Schicht sehr schön ausgebildet sieht; es ergiebt sich aus der Anordnung der Zellen, dass sie durch fortgesetzte besonders tangentiale Theilungen der Zellen des innerhalb jener Schicht folgenden Meristems entstehen, welches man als zweite und dritte Periblem-Schicht bezeichnen könnte, wenn es eine regelmässigere Anordnung seiner Zellen besässe; man vergleiche auch das jüngere in Fig. 12 abgebildete Stadium.

Scopolia weicht ferner von jener durch die grössere Unregelmässigkeit in der Zellenbildung und den Theilungen der Urmutter-Zellen ab. Die Theilung der Zellen der ersten Periblem-Schicht fängt allerdings vollkommen wie bei *Datura* an (Fig. 12), und wie dort bezeichnen die Theilungswände 1—1 auch die Grenze zwischen Urmutterzellenschicht des Pollens und Urmutterzellenchicht der Wandzellen. Die Fig. 14 lehrt uns auch, dass tangentiale und radiale Theilungswände nicht allein in den äusseren primären Tochterzellen auftreten; denn sie finden gleichzeitig auch in den inneren statt, und sie ordnen sich in den äusseren nicht immer mit der bei *Datura* beobachteten Regelmässigkeit, was besonders die obere Hälfte der Fig. 14 zeigt. Doch scheint ihre Entwickelung, soweit meine Beobachtungen reichen, wie dort vorzugsweise centrifugal vorzuschreiten.

Was nun erst die Urmutter-Zellen des Pollens betrifft, so bleibt die Theilung derselben oft (nach Querschnitten zu urtheilen) bei der ersten tangentialen stehen und jede Urmutter-Zelle zerfällt somit in zwei Mutter-Zellen, wie die zweite und dritte oberste in Fig. 16; es kommen aber auch radiale und schräg gestellte Wände vor. Doch behält die Masse der dadurch gebildeten Pollen-Mutterzellen immer den Charakter einer auf Querschnitt halbmondförmigen gewöhnlich zwei Zellenlagen dicken Schicht.

Die Wandschichten erreichen bisweilen eine Anzahl von 5—6. Auf einem Entwickelungsstadium, wie das Fig. 16 abgebildete, ist es im Allgemeinen nicht mehr möglich, die innere Grenzlinie der alten ersten Periblem-Schicht so genau und sicher zu verfolgen, wie es noch mit Fig. 14 der Fall ist, obgleich es doch an den beiden Flanken deutlich zu sehen ist, dass die ungetheilte Schicht in eine getheilte übergeht. Und auch die durch die Theilungen gebildeten Zellen haben sich durch gegenseitigen Druck dergestalt verschoben, dass es selten möglich ist, die Scheidewände der ursprünglichen ungetheilten Periblem-Zellen wie bei *Datura* genau von der äusseren zur inneren Grenzlinie der Schicht zu verfolgen; die schöne strahlenförmige Anordnung wird etwas gestört, und nur die äussersten Wandschichten bewahren längere Zeit die Spuren der früheren Regelmässigkeit. Von den Wandschichten bildet die innere sich auf dieselbe Weise wie bei *Datura* zu einer Art von Tapete aus, und gesellt sich ähnlich umgebildeten Zellen, die von den Placentoiden herrühren (t—t, Fig. 16). Von den vier bis fünf anderen Schichten werden nur die äusseren erhalten, indem ihre Zellen Spiralfasern bilden (Fig. 18), die nicht selten netzförmig unter sich anastomosiren; die Spiralfaser-Zellen sind am Grunde jeder Klappe in mehreren Schichten vorhanden als am Rande derselben, und reichen auch bedeutend in das Gewebe des Connexivs unter den Placentoiden hinein. Die zwischen den Spiralfaser-Zellen der Klappen und der auskleidenden Schicht liegenden Zellen scheinen nicht so schnell gelöst zu werden wie bei *Datura*.

Was endlich die Epidermis betrifft, so ist nur zu bemerken, dass ihre Zellen an der Oeffnungs-Naht sich nach radialer Streckung mehrmals durch tangentiale Wände theilen (Fig. 17); sie schwellen dann auf und scheinen aufgelöst zu werden wie auch ein Theil des gerade innerhalb liegenden Parenchyms.

Die mit *Scopolia* nahe verwandte Gattung *Hyoscyamus* scheint mit jener genau übereinzustimmen, und die von *Petunia* und *Anisodus* beobachteten vereinzelten Entwickelungs-Phasen boten auch nichts Abweichendes dar. —

Indem ich zu den Compositen übergehe, wähle ich als genauer zu betrachtendes Beispiel

Chrysanthemum Leucanthemum.

(Taf. 2, Fig. 1—9.)

Als erste Abweichung von den Solanaceen bemerken wir hier den gänzlichen Mangel an Gefässbündel-Zellen im Connexiv, und sowohl in der ganz jungen Anthere (Fig. 1) als in der älteren. (Fig. 8) findet sich zwischen den Antheren-Fächern nur ein einfaches Parenchym [1]).

Die zweite Abweichung finden wir in der Anzahl der Pollen-Urmutterzellen. Wenn die Anthere zur Bildung von diesen schreitet, strecken sich die Zellen der ersten ziemlich scharf begrenzten Periblem-Schicht (Fig. 1) etwas in radialer Richtung (Fig. 2). Dann treten tangentiale Halbirungswände an den Ecken der schon etwas viereckigen Anthere auf (Fig. 2, wo nur erst eine Tangential-Wand zu sehen ist, und Fig. 3—4). Während wir aber bei allen Solanaceen an den Querschnitten an jeder Ecke eine ganze Reihe von solchen getheilten Zellen finden, haben wir hier nur eine oder zwei (Fig. 3—4), sehr selten drei, und nie, glaube ich, vier, d. h. nur so viele Pollen-Urmutterzellen werden gebildet. In dem Fall, dass also nur eine solche gebildet wird, und dies sich an allen Querschnitten wiederholt d. h. durch die ganze Länge der Anthere, tritt factisch der Fall ein, dass die Urmutterzellen einen einfachen senkrechten Zellenstrang bilden. Die Bedeutung hiervon lernt man aber richtig beurtheilen, wenn man eine Menge Fälle beobachtet hat, wo zwei bis drei Pollen-Urmutterzellen neben einander liegen, was besonders in der hinteren (in der Blüthe nach aussen gekehrten) Hälfte der Anthere vorzukommen scheint (Fig. 3 und 8): der einfache Strang ist nur eine reducirte Schicht.

Wir verfolgen nun erst die inneren Tochterzellen jener Theilung, d. h. die Pollen-Urmutter-Zellen, die durch ihre bedeutende Grösse und optischen Verhältnisse bald sehr leicht zu erkennen sind.

---

1) Vergl. Chatin, de l'anthère, Pl. XIII, Fig. 1—3.

Vertikale Theilungswände treten ziemlieh selten auf (Fig. 8, wo man mit Sicherheit jedenfalls zwei, und zwar radiale sehen kann). Dagegen scheinen horizontale oder doch annähernd horizontale sehr häufig zu sein, was Längsschnitte uns lehren (Fig. 5—7, 9). Fig. 5 stellt den jüngsten Zustand dar; in der untersten Periblem-Zelle ist eine tangentiale Wand aufgetreten, und danach hat sich die äusserste Tochterzelle horizontal getheilt; in der folgenden Zelle ist es dagegen die innere Tochterzelle, die Pollen-Urmutterzelle, welche getheilt worden ist, und dasselbe ist in der nächstfolgenden der Fall. In Fig. 6 sehen wir die am Grunde der Anthere ungetheilte erste Periblem-Schicht in ihrem Uebergange in die getheilte Partie. Die Pollen-Urmutterzellen sind leicht aufzufinden, und ebenso die in ihnen aufgetretenen Theilungswände. Dasselbe ist endlich auch mit Fig. 7 und 9 der Fall. Die Mutter-Zellen des Pollens bilden folglich in jedem Antheren-Fache gewöhnlich 1—2 lange aufrechte Reihen von ziemlich flachen scheibenförmigen Zellen.

Die äusseren primären Tochter-Zellen sind die Urmutter-Zellen der Wand-Zellen. In ihnen treten gewöhnlich erst radiale Halbirungswände auf (Fig. 3, 4), dann horizontale (Fig. 5) und tangentiale (Fig. 6), und die Bildung schreitet wie bei den Solanaceen in centrifugaler Richtung fort. Dies geht aus den abgebildeten Längsschnitten deutlich hervor, besonders aus Fig. 7, in welcher die zwei obersten der äussersten secundären Periblem-Zellen grösser sind als ihre Schwesterzellen, indem sie sich in radialer Richtung erst etwas strecken, bevor sie die Theilung ausführen, welche in den entsprechenden weiter nach dem Grunde zu liegenden Zellen schon ausgeführt ist. Die Zahl der zur Bildung der Wand zielenden Tangential-Theilungen beläuft sich, so viel ich gesehen habe, nie zu mehr als zwei (Fig. 8—9) (d. h. es werden drei Schichten gebildet).

Aber auch in den anderen die Pollen-Zellen umgebenden Zellen finden Theilungen statt und zwar in bestimmter Art. Die erste Periblem-Schicht bleibt ungetheilt am Rücken des Connexivs (Fig. 8), nicht aber gegen die Antheren-Fächer hin, zwischen den seitlichen Antheren-Fächern an den Aufspring-Suturen, wo sie oft ziemlich unregelmässig besonders tangential getheilt wird, und endlich an der vorderen Seite des Connexivs. Da nun ebenfalls die an der inneren Seite der Pollen-Zellen, p, grenzenden Zellen des Mesophyll sich theilen, und alle Theilungswände, sowohl in diesen Zellen, wie in denen der ersten Periblem-Schicht, sich in Bezug auf die Pollen-Zellen tangential stellen, werden diese von einer Hülle concentrisch gestellter Zellen umgeben (Fig. 8). Die unmittelbar an die Pollen-Zellen stossenden Zellen dieser Hülle scheinen sich zwar nicht radial zu theilen und zu strecken, fungiren aber sonst wie die Tapeten-Zellen bei den Solanaceen, nehmen oft eine ähnliche Farbe an und werden wie jene schliesslich resorbirt. Auch andere Zellen haben dasselbe Schicksal, besonders die mittleren Wandzellen periblematischen Ursprungs und die Zellen, welche die Antherenfächer trennen; denn nur die der alleräussersten, der Epidermis angrenzenden Schicht werden erhalten und zu Spiralfaser-Zellen umgebildet. Die Klappen der reifen aufgesprungenen Anthere bestehen folglich nur aus einer einfachen Spiralfaser-Schicht mit einer äusserst dünnen, wohl auch theilweise verschwindenden Epidermis bekleidet; sie sind durch ein schwach entwickeltes Connexiv verbunden, und das Ganze macht einen höchst dürftigen Eindruck, indem so viele Elemente von der, schon ursprünglich von so wenigen Zellen aufgebauten, Anthere resorbirt worden sind [1]. —

Von anderen Compositen habe ich noch *Doronicum macrophyllum*, *Lampsana communis* und *Aracium paludosum* einer Untersuchung unterworfen.

Von der ersten Art habe ich die vollständige Entwickelungs-Geschichte bis zu dem Stadium, das in Fig. 8 von *Chrysanthemum* abgebildet ist, sowohl durch Quer- als durch Längsschnitte erörtert. Sie stimmt in allen Punkten genau mit *Chrysanthemum* überein.

Von *Aracium* ist in Fig. 10 ein von den vereinzelten Entwickelungs-Stadien, die ich beobachtet habe, abgebildet; schon aus diesem einen geht die genaue Uebereinstimmung mit *Chrysanthemum* hervor, doch werde ich auf die weit früher eintretende Tangential-Theilung der zwischen den Fächern liegenden Partie der ersten Periblem-Schicht aufmerksam machen. Auch bei *Lampsana* habe ich nichts Abweichendes gefunden. — Es scheint somit, dass die geschilderte Entwickelungsweise für vielleicht alle Compositen Geltung hat.

Die Solanaceen und die Compositen bieten uns Beispiele der

---

1) Vergl. Chatin a. a. O. Pl. XIII. *Cosmos*, *Dahlia*, *Helianthus*; Pl. XII, *Echinops*, *Silphium*; Pl. XXII, *Chrysanthemum*.

extremsten Verhältnisse, die ich in dem hier betrachteten Entwickelungs-Processe des Pflanzenlebens beobachtet habe, — bei diesen oft nur eine einfache Reihe von Pollen-Mutterzellen, — bei jenen eine oft mächtig entwickelte Schicht. Zwischen diesen Punkten lassen sich fast alle anderen von mir beobachteten Fälle einreihen; doch kommen sehr bemerkenswerthe Variationen des Themas vor, was die folgenden Beobachtungen zeigen werden. —

Den Solanaceen am nächsten verwandt sind, wie in anderen Hinsichten so auch rücksichtlich des Baus der Anthere, die *Scrophulariaceen, Verbenaceen* und *Labiaten.* Bei allen diesen Familien finden wir dieselbe auf Querschnitten stark halbmondförmige Lage der Pollen-Mutterzellen oder mit anderen Worten, was damit in genauester Verbindung steht, dieselbe starke Entwickelung der »Placentoiden« Chatins. Dieser Forscher giebt auch das Vorkommen der Platoiden nur bei einer beschränkten Anzahl von Familien an, welche alle in diese Verwandtschaftsgruppe gehören [1]).

Als Beispiele nehme ich folgende:

Verbena. Mentha. Lamium. Scrophularia. Veronica.

(Taf. 1, Fig. 13—16, Taf. 3, 9—13.)

Von den hier abgebildeten Figuren stellt der Querschnitt Fig. 13 den jüngsten, der Längsschnitt Fig. 14 einen etwas aber doch nur wenig älteren, Fig. 15 und 16 zwei folgende fast gleich alte Entwickelungszustände dar.

Ohne dass ich hier die Sache weiter auszuführen brauche, wird es dem Leser durch Betrachtung dieser Figuren mit Hülfe der beigefügten Bezeichnungen klar werden, dass wir eine sehr schöne Placentoidenbildung haben, besonders in der vorderen Antherenhälfte, und dass die Entstehungsweise derselben in der Anordnung der Zellen, besonders von Fig. 16 klar ausgedrückt ist; dass die erste Periblem-Schicht auf die deutlichste Weise getheilt worden ist, der Art, dass die innerste primäre Tochterzellenschicht die Urmutterzellen des

1) Vergl. De l'anthère, p. 47 und 79. »On sera frappé de ce fait, que parmi les Corolliflores portant des placentoides ce sont les ordres *Labiatiflores* (Labiées, Acanthacées, Orobanchées, Scrophularinées), qui dominent les Solanées étant elles-mêmes inséparables des Scrophularinées«.

Pollens constituirt, während die Zellen der äusseren Schwesterschicht mehrmals durch Würfeltheilung, die centrifugal fortschreitet (Fig. 15), zerlegt werden.

Was nun die Pollen-Urmutterzellen betrifft, so scheinen sie sich, wie bei der auf derselben Tafel abgebildeten *Datura*, bis zur Tetradenbildung fast alle ungetheilt zu erhalten. Sie treten wie sonst überall durch ihre Grösse, ihre optischen Verhältnisse (stärkeres Lichtbrechungsvermögen) und die Schwellung ihrer Wände, besonders in Kali, von den umgebenden Zellen sehr deutlich hervor. Was ich aber hier hervorzuheben habe ist, dass gewöhnlich eine oder zwei (auf jedem Querschnitte) der die Kante der Placentoiden constituirenden Zellen dieselben physikalischen und chemischen Eigenschaften anzunehmen scheinen wie jene, was ich an den Zeichnungen durch stärkeres Ausziehen ihrer Wände bezeichnet habe. Man hätte danach glauben können, dass auch diese zur Pollenbildung verwendet werden; soweit ich habe beobachten können, ist dies aber nicht der Fall; denn diese Zellen bleiben immer bedeutend kleiner als die echten Pollen-Mutterzellen; und diese letzteren bilden wenn die Anthere reifer ist, und sie sich von einander zu trennen anfangen, noch eine an Querschnitten deutliche halbmondförmige Schicht, welche nicht durch Aufnahme anderer Zellen sich vergrössert oder ihre ursprüngliche Form verloren hat. Es ist aber doch ein Punkt, auf den ich die Aufmerksamkeit hinlenken werde.

Die Wandschichten, deren wohl im Allgemeinen nur drei gebildet werden, verhalten sich wie gewöhnlich, und namentlich fungirt die innere als Tapete. —

Die Labiaten

schliessen sich den *Verbenaceen* eng an. *Mentha aquatica*, von der auf Taf. 3 in Fig. 11—12 ein Querschnitt und in Fig. 13 eine Partie eines Längsschnittes abgebildet sind, verhält sich fast ganz wie die *Verbena*. Die jüngeren Entwickelungs-Zustände brauchen nicht abgebildet zu werden, weil schon die Anordnung der Zellen der älteren, wie Fig. 11 zeigt, den Beweis liefert, dass die Vorgänge wie bei jener und den anderen betrachteten verlaufen.

Während die Placentoiden hier ziemlich unbedeutend bleiben, erreichen sie bei einer anderen Labiate, *Lamium garganticum*, eine bedeutende Mächtigkeit und sind den von *Scopolia* in jeder Beziehung gleich oder sind vielleicht grösser. So weit beobachtet stimmt diese Pflanze sonst mit *Mentha* überein [1]).

Der Fibrovasalstrang wird hier angelegt, ehe noch die Theilungen der ersten Periblem-Schicht angefangen haben; er ist gewöhnlich nach der Ober- und Unterfläche zu von zwei Periblem-Schichten umgeben.

Bei diesen letzt besprochenen Pflanzen finden also äusserst wenige Theilungen von den Pollen-Mutterzellen statt, ehe die Tetradentheilung eintritt; das Verhältniss ist wie bei *Datura.*

Scrophularia nodosa

reiht sich dagegen in dieser Hinsicht an *Scopolia.*

Eine vollständige Folge von Entwickelungszuständen der Anthere von dieser Pflanze besitze ich allerdings nicht; allein der in Fig. 9, Taf. 3 abgebildete (etwas schiefe) Querschnitt und der Längsschnitt Fig. 10 geben mit hinreichender Deutlichkeit den Beweis für die Abstammung der Pollen- und Wand-Zellen (selbstverständlich mit Ausnahme der Epidermis) von einer einzigen Schicht, und zeigen zugleich, dass eine bedeutende Vermehrung der Pollen-Zellen, durch lebhafte Würfeltheilung stattgefunden hat; die Urmutterzellen sind dadurch in eine grosse Anzahl annähernd kubischer Zellen zerlegt worden, welche endlich als Mutterzellen der Tetraden fungiren.

Im Uebrigen finden wir schon die sehr charakteristische Tapetenschicht (t—t) auf beiden Schnitten angelegt und weiter auswärts zwei andere nichts Abweichendes bietende Wandschichten.

Mit dieser Pflanze stimmt *Veronica gentianoides* genau überein; die hier beobachteten jüngeren Entwickelungszustände suppliren mir die von jener betrachteten. Der Fibrovasal-Strang entsteht in den innersten (zwei) Zellenschichten des Staubblatts und ist oben und unten von zwei anderen Schichten und der Epidermis gedeckt; der Bau des Connexivs ist somit dem von *Lamium* gleich. Abbildungen der reifen Wand siehe bei Chatin, Pl. XVIII, Fig. 4 (*Veronica Buxbaumii*).

Wenn Chatin vorzugsweise nur den Labiatifloren (siehe das Citat oben S. 13) die sogenannten Placentoiden zuschreibt, dürfte die Wahrheit wohl die sein, dass diese Bildungen zwar dort oft ungewöhnlich mächtig entwickelt sind, dass sie aber auch bei vielen anderen

---

1) Abbildungen der Wände der aufgesprungenen Antheren bei den Labiaten finden sich bei Chatin, Pl. XVII.

Pflanzen vorkommen; denn bei den meisten finden jedenfalls einige Zellentheilungen statt in den an der Innenseite der Pollen-Mutterzellenschicht grenzenden vom Peribleme abstammenden Zellen, und nicht selten bilden sich ganz kurze zwei- bis dreizellige von den ursprünglichen Periblem-Schichten schräg nach aussen zielenden Zellenreihen (der Ausdruck von den Querschnitten geliehen; in der That sind es also mehr oder minder regelmässige Schichten, die einen gegen das Antherenfach vorspringenden niedrigen Kiel bilden).

Ich glaube so, dass jene bei den Compositen beobachteten Zellentheilungen, welche sich der Innenseite jedes Faches anschliessen, mit den Placentoiden homolog zu setzen sind, und wir werden andere Beispiele bei den Asperifolien finden.

Symphytum orientale.

(Taf. 3, Fig. 1—8.)

Ehe die jugendliche Anthere nichts anderes als ein in Querschnitt ovaler niedriger Höcker ist (Fig. 1), deuten Zellentheilungen in der Axe derselben auf die Bildung des Fibrovasal-Stranges (f) hin; sonst ist sie von einem gleichförmigen Parenchym gebildet, in welchem nur die erste Periblem-Schicht scharf differenzirt ist. In der weiter entwickelten Anthere finden wir den Fibrovasal-Strang beiderseits von zwei bis drei Periblem-Schichten bedeckt (vergl. Fig. 2, 3 und 5).

Schon Fig. 2 zeigt, dass es nicht nur die Streckung und auffolgenden Theilungs-Processe der ersten Periblem-Schicht sind, welche der Anthere ihre äussere Form geben; besonders links an der obersten Ecke hat eine Zellentheilung statt gefunden, die ich als homolog denen, welche bei Bildung der Placentoiden auftreten, halten muss. In der Fig. 3 wird man ebenfalls am oberen Fache zwei sehr deutliche aber kurze Zellenreihen sehen, die denen der Placentoiden von *Scopolia*, *Verbena*, *Lamium* etc. durchaus ähnlich sind. Auf dieselbe Art wird man auch auf Fig. 5 schwache Placentoiden entdecken; allein durch die starke Vermehrung der Pollen-Mutterzellen und die schliesslich ganz cylindrische Form des Faches (Fig. 6—7) werden sie zuletzt noch mehr unscheinbar. Aehnliche Beispiele von schwachen Placentoidenbildungen kommen im Folgenden vor.

Wenn man nur ein Entwickelungsstadium, wie das in Fig. 6—7 abgebildete, betrachtet hätte, würde man schwerlich eine Ahnung von der Abstammung dieses ganzen Complexes von Pollen-Mutterzellen und von Wandzellen aus einer einfachen Zellenchicht erhalten. Die Verfolgung der inneren Grenzlinie der alten Periblem-Schicht ist nicht mehr möglich; man würde höchstens vermuthen können, dass die beiden äussersten der unter der Epidermis liegenden Wandschichten von einer gemeinsamen Schicht abstammen, und zugleich, dass die Pollen-Mutterzellen, weil sie mehr oder weniger deutlich nach Radien geordnet sind, aus einigen wenigen Zellen durch wiederholte vorzugsweise tangentiale Theilungen entstanden sind. Die Betrachtung jüngerer Entwickelungszustände ist daher unerlässlich.

Eine solche Betrachtung giebt nun aber Resultate, welche den oben erhaltenen vollständig entsprechen. Es strecken sich zuerst die Zellen der ersten Periblem-Schicht in radialer Richtung. Dann treten tangentiale Halbirungswände derselben an den vier Stellen auf, wo später die Fächer liegen (Fig. 2), erst vereinzelte, dann immer mehrere, und die Periblem-Schicht zerfällt dort in zwei Schichten, von denen die innere, wie sonst immer, die Urmutterzellenschicht des Pollens, die äussere die der Wandzellen ist. Anstatt dessen nun, dass es in den vorher betrachteten Fällen die Zellen dieser letztern Schicht waren, welche sich zuerst und oft allein theilten, findet hier das Gegentheil statt: die inneren Tochterzellen strecken und theilen sich z u e r s t (Fig. 3). Der Beweis dafür, dass die mit 1—1 in Fig. 3 bezeichneten Theilungswände wirklich mit denen in Fig. 2 ebenso bezeichneten homolog sind, liegt theils darin, dass diese Wände in Fig. 3 in weit bedeutenderer Zahl als die innerhalb liegenden Wände vorhanden sind, ihrer frühzeitigeren Entstehung entsprechend; theils darin, dass sie noch an den Flanken, wo die inneren Tochterzellen noch nicht gestreckt worden sind, ziemlich genau die Periblem-Zellen halbiren, und darin, dass sie, wie jene an Fig. 2 und anderen ähnlichen Entwickelungszuständen und sonst überall observirten primären tangentialen Theilungswände, in fortlaufende Linien geordnet sind; welches aber mit diesen in Fig. 3, die Zellen p—p bildenden Theilungswänden nicht der Fall ist.

In genauer Uebereinstimmung mit dem Umstande, dass die Pollen-Urmutterzellen sich früher zu theilen anfangen als die äusseren Schwesterzellen, steht dann auch ihre fortgesetzte ungewöhnlich lebhafte Würfeltheilung (oder fast Allwärtstheilung). Wenn die äussere primäre Tochterzellenschicht durch die Wände 2—2 (in Fig. 5) zweischichtig geworden ist, sind die Pollen-Urmutterzellen bisweilen schon durch wenigstens drei tangentiale Wände getheilt worden, und die Zahl wird noch grösser, während die äusserste der letzt gebildeten Wandschichten sich noch ein Mal tangential theilt (Fig. 7). Die Schichten der Wand sind damit im Wesentlichen alle gebildet worden. Die schön differenzirte Tapete (Fig. 7) und die mittlere Schicht werden aufgelöst, die äussere der Epidermis angrenzende (Fig. 8) bildet Spiralfasern aus.

Wie oben gezeigt, schreitet der Bildungsgang von Zellen in der Wand vorzugsweise centrifugal fort, besonders wenn man nur die tangentialen Theilungswände in Betracht zieht; ob die Zellenbildung in den Mutterzellen des Pollens auf analoge Weise centrifugal nach den primären Theilungswänden hin vorschreiten sollte, oder gerade den umgekehrten Weg einschlagen und von dieser Grenzlinie zwischen Wand und Pollen-Zellen aus centripetal vorschreiten, wage ich nicht zu entscheiden; vielleicht herrscht gar keine Regel, was dies betrifft. Der einzige Unterschied zwischen dem Entwickelungsvorgange hier und z. B. bei *Scopolia* liegt also nur in der mächtigeren Entwickelung der Pollen-Mutterzellen und schwächeren der Wandschichten (man vergleiche Fig. 17, Taf. 1 mit Fig. 7, Taf. 3).

Die Wand der reifen Anthere (Fig. 8) ist schon besprochen; eine klare leicht aufquellende Epidermis deckt die einfache oder an den Basen der Klappen ein wenig mächtigere Spiralfaserschicht.

Vereinzelte Entwickelungszustände von *Cerinthe major* fand ich mit den bei der letzten Pflanze beobachteten ganz übereinstimmend. — Noch von einigen anderen gamopetalen Familien liegen mir Beobachtungen vor.

Galium Mollugo.

Von meinen Präparaten sind zwei auf Taf. 3, Fig. 14—15 abgebildet worden. Von diesen und anderen Längs- und Querschnitten glaube ich folgendes schliessen zu können.

Ein Fibrovasal-Strang existirt im Filamentum, geht aber nicht durch die ganze Länge des Connexivs. Placentoiden sind schwach entwickelt, treten aber doch besonders an jüngeren Entwickelungsstadien ganz deutlich hervor (Fig. 14). Die ersten tangentialen Theilungswände in den Zellen der ersten Periblem-Schicht trennen wie gewöhnlich die Urmutterzellen des Pollens von denen der Wand. In jenen treten wenige Würfeltheilungen auf und ich habe nie mehr als höchstens zwei Schichten von Mutterzellen gebildet gesehen, allein nie waren die Zellen streng regelmässig geordnet und auch schief gestellte Wände traten auf (Fig. 15). In den Urmutterzellen der Wandschichten herrscht eine regelmässige Würfeltheilung, in normaler centrifugaler Folge; von den dadurch gebildeten drei Schichten fungirt die innere in Verbindung mit den oberflächlichen Zellen des an die Innenseite der Pollenzellen-Masse grenzenden Meristems als Tapete des Faches, und nimmt die gewöhnlichen Eigenschaften dieser an, aber ihre Zellen theilen sich nicht so lebhaft horizontal und radial wie sonst; in dieser Beziehung herrscht also Uebereinstimmung mit den oben betrachteten Compositen, und eine Vergleichung von Fig. 15, Taf. 3, mit Fig. 8, Taf. 2 wird besser die Aehnlichkeit klar machen; die Masse der Pollen-Mutterzellen ist bei *Galium* zum Theil von einer gleichen Hülle concentrisch gestellter Zellen nach allen Seiten umgeben, wie bei *Chrysanthemum*.

Aus den weit entwickelten Zuständen, wie Fig. 15, ist es übrigens selten leicht, die Theilungsvorgänge mit Sicherheit zu sehen, wie *Galium* überhaupt kein leichtes Object ist; die Pollen-Massen werden schnell von so vielen kleinen Zellen umgeben, dass die Verfolgung der inneren Grenze der ersten Periblem-Schicht unmöglich wird, besonders wenn sie von Anfang an weniger scharf war; nur an der oberen Pollen-Masse der Fig. 15 ist dies noch möglich.

Campanula Trachelium

(Taf. 3, Fig. 16—17.)

entfernt sich mehr von den Compositen als *Galium*, und ist *Scopolia* (Taf. 2, Fig. 14 u. 17) und *Symphytum* (Taf. 3, Fig. 5 u. 7) weit ähnlicher; denn die Theilungen der Pollen-Mutterzellen dauern länger fort, daher sie schliesslich einen mächtigen fast cylindrischen Strang in jedem Fache bilden; ihre Zellen zeigen durch ihre Anordnung bald mehr bald minder deutlich die Theilungsvorgänge. An dem jüngeren Entwickelungsstadium Fig. 16 ist die Abstammung der Zellen aus der Anordnung derselben durchaus deutlich zu sehen.

Eine typische Tapeten-Schicht mit radial getheilten und radial gestreckten Zellen bekleidet schliesslich nach allen Seiten hin die Wand des Faches (t—t, Fig. 17). Ausserhalb des von der ersten Periblem-Schicht abstammenden Theils der Tapete finden sich schliesslich bis drei andere Wandschichten, von denen jedoch die beiden inneren wie die Tapete aufgelöst werden. Die tangentialen Wände treten wie gewöhnlich in centrifugaler Folge hervor, mit radialen und horizontalen gemischt. Die reife Antheren-Wand besteht aus einer Spiralfaserschicht und der dünnwandigen eingeschrumpften Epidermis, jedoch werden die Spiralfaserzellen nach dem Connexive hin mehrschichtig und strecken sich sogar in dieses hinein das ganze Fach rings umschliessend, wie bei den von Chatin abgebildeten zwei Arten[1]).

Endlich besitze ich auch von

Plantago major

eine fast vollständige Reihe von Entwickelungszuständen. Ihre Anthere schliesst sich denen von *Symphytum* und *Campanula* eng an; hat aber eine weit schönere, sehr regelmässige und gewöhnlich nur aus zwei Zellenschichten (auf Querschnitte Zellenreihen) bestehende Placentoiden-Bildung.

Melilotus albus.

(Taf. 4, Fig. 1—7.)

Betrachten wir jetzt auch einige Antheren-Entwickelungen von anderen Gegenden des Pflanzenreichs und zwar erst von einigen dialypetalen Familien, als erstes Beispiel eine Papilionacee.

Die Entwickelung ist nicht ganz leicht zu verfolgen, und namentlich hat es oft an älteren Antheren bedeutende Schwierigkeit, die innere Grenzlinie der ersten Periblem-Schicht so wie die Seitenwände ihrer ursprünglichen Zellen verfolgen zu können, welches indessen an jüngeren Zuständen leicht ist; man betrachte z. B. den Längsschnitt Fig. 3 und den ziemlich entsprechenden Querschnitt Fig. 2. An Querschnitten älterer Stadien findet man immer auch die Zellen in der zwischen den beiden Fächern einer Antherenhälfte liegenden Partie

---

1) *Campanula grandis* und *C. Medium* l. c. Pl. XXI, Fig. 1—2.

der ersten Periblem-Schicht tangential getheilt (Fig. 4). Es ist mir kein Zweifel übrig geblieben, dass die Theilungsvorgänge in dieser Schicht genau so wie bei den oben betrachteten Pflanzen vor sich gehen. Die ersten tangentialen die Periblem-Zellen halbirenden Theilungswände (Fig. 1) bezeichnen die Scheidewand zwischen Fach und Wand, zwischen Pollen- und Wand-Zellen; dies geht aus dem Studium aller meiner Präparate unzweifelhaft hervor. Während die Pollen-Urmutterzellen durch nur wenige Würfeltheilungen (horizontale und tangentiale sind in Fig. 3 zu sehen, schief gestellte senkrechte in Fig. 2 etc., ausserdem habe ich radiale senkrechte beobachtet) ferner halbirt werden, nehmen sie doch ausserdem so an Grösse zu, dass die primäre tangentiale Halbirungswand (1), die jene Pollen-Mutterzellen von den in Anzahl bedeutend vermehrten Wandzellen trennt, auch in der sehr weit entwickelten Anthere fast die Mitte der ursprünglichen Schicht einnimmt (Fig. 2, 3, 4). Die Theilungen der äusseren primären Tochterzellen finden nach allen drei Richtungen statt: primäre radiale (r) und secundäre tangentiale (2) sehen wir in Fig. 1, 2 u. 3, horizontale z. B. in Fig. 5 (in den äussersten der von dem Periblem abstammenden Zellen); andere höherer Ordnungen in Fig. 3—5; dass die mit 3 bezeichneten Wände wirklich nach 2 und in den äusseren Tochterzellen auftreten, dafür giebt die obere Hälfte von Fig. 2 u. 4 eine Andeutung, wenn nicht gerade den Beweis. Daraus und weil ich auch mehrere andere ganz ähnliche Bilder erhalten habe, glaube ich zu der Annahme berechtigt zu sein, dass die Zellbildung auch hier im Ganzen centrifugal fortschreitet; denn weder hier noch anderswo ist dieses Fortschreiten ganz rein, so dass gar keine Zell-Theilungen der inneren Tochterzellen stattfinden sollten; besonders wenn wir den Blick auf die tapezierende Schicht richten, ist dies der Fall.

Die Anthere Fig. 4 ist fast vollständig angelegt; einige radiale und horizontale Theilungen der äussersten von den secundären Periblem-Zellen werden wohl noch statt finden, und so die Zellenzahl der Wand vermehrt. Man wird hier eine ähnliche concentrische Hülle der Pollen-Mutterzellen entdecken wie bei den Compositen und *Galium*; ohne dass die innersten der gewöhnlichen Tapete entsprechenden Zellen dieser Hülle erst bedeutenderen Zellentheilungen unterliegen, werden sie aufgelöst, welches Schicksal wenigstens die angrenzenden Wandzellen mit ihnen theilen. Nur die äussersten der secundären

Periblem-Zellen bestehen (Fig. 6) von einer nur an der Aufspringungssutur und am Connexiv noch recht deutlichen Epidermis bekleidet; hier begegnen wir den eigenthümlichen Verdickungsfasern, die fast die Form eines Sternes haben, dessen Centrum an der Innenwand der Zelle befestigt ist, während die gebogenen Strahlen über die Seitenwände zur Vorderwand hinlaufen, wo sie spitz enden (Fig. 7), und die gerade bei den Papilionaceen häufig sein sollen [1]).

Eine flüchtige Betrachtung von *Lupinus elegans* ergab doch deutlich die Abstammung der Wand- und Pollen-Zellen von der ersten Periblem-Schicht.

Epilobium angustifolium.

(Taf. 4, Fig. 8—13.)

Es würde von Interesse sein die *Oenothera* einem Studium zu unterwerfen, weil sie von fast Allen, die sich mit der Entwickelungsgeschichte der Anthere beschäftigt haben, benutzt worden ist. Leider war es mir nicht möglich diese in den Kreis der genauer betrachteten Pflanzen hereinzuziehen; sie verspricht aber ein gewisses Interesse, denn ein Paar Querschnitte, die ich gemacht habe, deuteten in der That auf die Bildung einer einfachen senkrechten Reihe von Pollen-Urmutterzellen hin, die vielleicht unmittelbar zur Tetraden-Bildung schreiten, ein Verhältniss also, welches dem bei den Compositen gleich sein dürfte. Während ich also diese Pflanzen für eine spätere Betrachtung aufheben muss, habe ich eine vollständige Reihe Entwickelungszustände von dem verwandten *Epilobium angustifolium* erhalten.

Ausser der eigenthümlichen Form der Anthere (Fig. 8 u. 10) sind nur wenige Merklichkeiten zu erwähnen. Ehe noch die zur Pollenbildung zielenden Theilungen begonnen haben, fängt die Bildung des Fibrovasal-Strangs (Fig. 8, f) an; rückwärts wird er gewöhnlich von zwei Periblem-Schichten gedeckt; nach der Vorderseite des Connexivs hin ist das Parenchym mächtiger. Eine schwache aber charakteristische Placentoiden-Bildung findet statt (Fig. 8—9). Während die erste Periblem-Schicht im Allgemeinen zwischen den beiden Fächern

1) Cfr. z. B. Mohl, Verm. Schriften, p. 63; bei Chatin sind solche Verdickungsfasern an vielen Stellen schön abgebildet.

einer Anthere an der Aufspringungssutur, wenigstens sehr lange, ungetheilt bleibt (denn oft finden auch hier Zelltheilungen statt zu der Zeit, wenn die Anthere zum Aufspringen sich bereitet), finden wir hier, dass die Zellen in diesem Theile jener Schicht sich fast gleichzeitig mit den gewöhnlich getheilten Periblem-Zellen tangential theilen (man vergleiche Fig. 8 u. 9 die mit *m* bezeichneten Partieen).

Aus Fig. 9 geht hervor, dass die Pollen-Urmutterzellen auch bei dieser Pflanze eine Schicht bilden, allerdings eine ziemlich unbedeutende, weil sie nur aus 2—4 Zellenreihen besteht; vereinzelte Theilungen der Urmutterzellen finden statt, im Ganzen bleiben sie aber ungetheilt, bis sie sich von einander trennen, um zur Tetradenbildung zu schreiten (man vergleiche Fig. 11 u. 12).

Die äusseren der primären Tochterzellen theilen sich dagegen wie gewöhnlich durch vorzugsweise centrifugal vorschreitende Würfel-Theilung und bilden schliesslich eine ziemlich mächtige Wand (Fig. 10). Die Tapete ist ausgezeichnet schön, sowohl durch die Grösse und radiale Streckung ihrer Zellen (Fig. 10, 11, 12), als durch ihre stark gelbe Farbe; bei *Oenothera* verhält sie sich auf gleiche Art. Sie wird mit allen Wandschichten, die äusserste und die Epidermis ausgenommen, aufgelöst (Fig. 12)[1]).

Noch ist zu bemerken, dass die Epidermis-Zellen sich an der Aufspring-Naht (*m* Fig. 10 u. 13) durch tangentiale Wände theilen, gerade wie wir es schon früher bei *Scopolia* (Taf. 2, Fig. 15) beobachtet haben, und endlich werde ich die Aufmerksamkeit auf einige grosse ellipsoidische Zellen hinlenken, welche sich im Connexive, zwischen den Antherenfächern (*y* Fig. 10 u. 11) befinden, die ich aber nicht näher untersucht habe.

Arabis albida.

(Taf. 4, Fig. 14—17.)

Ueber diese Pflanze brauche ich nur wenige Worte zu sagen, weil die vier aus meinen Zeichnungen hier ausgewählten Figuren das geben werden, was zum Verständniss der Bildung des Fibrovasal-Stranges (f), der Pollen- und der Wandzellen nöthig sein wird. Die

---

1) Vergl. Chatin, l. c. Pl. XXIII, Fig. 4, *Epilobium spicatum*.

Differenzirung der ersten Periblem-Schicht gegen das innerhalb liegende Parenchym der Anthere ist nicht immer scharf (Fig. 14), daher es nicht immer möglich wird, an etwas älteren Entwickelungszuständen die innere Grenzlinie und die Lage der Pollen-Urmutterzellen innerhalb des Bezirks der getheilten Periblem-Schicht nachzuweisen, besonders weil noch der Umstand hinzukommt, dass diese Schicht schnell auch an der Aufspringungssutur getheilt wird. Durch die in den Urmutter- und Mutterzellen des Pollens stattfindenden Theilungen bilden diese letzten zuletzt einen völlig cylindrischen Strang (Fig. 17), mit einer typischen Tapete umgeben.

Ich habe versäumt den Bau der fertigen Wand zu untersuchen; allein alle die bei Chatin[1]) abgebildeten Cruciferen-Antheren zeigen, dass die äusserste Schicht secundärer Periblem-Zellen die Spiralfaser führende ist, während die anderen verschwinden.

Malva silvestris.

(Taf. 5, Fig. 1—6.)

Von *Althaea rosea* sind im »Lehrbuche« von Sachs, 1870, S. 453, Fig. 346 zwei Bilder gegeben, welche eine ursprünglich einfache Reihe von Pollen-Urmutterzellen in jedem Fache und später einen mehrzelligen von einem schönen Tapete eingefassten Zellenstrang zeigen. Diese Bilder würden sicherlich ganz correct gewesen sein, wenn sie auch die gewiss noch auf den abgebildeten Entwickelungszuständen sichtbare regelmässigere Ordnung der Wandzellen gezeigt hätten, welche eine Folge ihrer Entstehungsweise ist. Es scheinen übrigens die Malvaceen gerade sehr geeignet, um die alte Theorie von der einfachen Urmutter-Zellenreihe, die wir auch hier bei Sachs vorfinden, zu stützen, denn in der That bildet sich hier wie bisweilen bei den Compositen eine solche. Ich habe *Malva silvestris* untersucht.

Die Pollen-Urmutterzellen treten, sowohl durch ihre Grösse als ihr Lichtbrechungsvermögen ausgezeichnet schön hervor, und sind daher an älteren Entwickelungsstadien leicht zu finden. Aus solchen erhält man aber keine Ahnung von ihrer Entstehung (Fig. 4—5), besonders aus den Längsschnitten. Dass sie aber auch hier von der ersten

1) Pl. XIV, Fig. 1, Pl. XXVIII, Fig. 6—8.

Periblem-Schicht abstammen habe ich an vielen Präparaten deutlich gesehen, obwohl es mir schwierig gewesen ist solche zu erhalten, in denen alle Zellwände deutlich zu sehen waren, und die sich zeichnen liessen. Selbst wenn dies aber nicht der Fall war, liess sich doch fast immer die innere Grenzlinie der ersten Periblem-Schicht so klar verfolgen, dass darüber kein Zweifel übrig bleiben konnte, dass die grossen deutlichen Pollen-Zellen in der That innerhalb dieser Schicht lagen.

Die ersten Stadien geben die Querschnitte Fig. 1 (in welcher die beiden links liegenden mit p bezeichneten Zellen vielleicht nicht alle beide Pollen-Urmutterzellen sind) und Fig. 2. In der letzten ist eine radiale Wand der primären tangentialen aufgesetzt worden, gerade wie bei den Compositen (Taf. 2, Fig. 3—4). Zwischen diesem Stadium und den in Fig. 3 abgebildeten habe ich allerdings keine Präparate erhalten, die zu zeichnen waren; selbst wenn wir aber die weniger scharfen ausser Betracht lassen, hat doch Fig. 3 besonders an der linken Seite noch ein solche Anordnung der Zellen, dass der ganze Bildungsgang klar vor Augen liegt; die innere Grenzlinie der ersten Periblem-Schicht lässt sich nach beiden Seiten bis zu den ungetheilten Partieen klar verfolgen, und die Seitenwände der ursprünglichen ungetheilten Periblem-Zelle, von welcher die Pollen-Urmutterzelle abstammt, lassen sich leicht und sicher nachweisen; zwei radiale Wände haben sich der ersten tangentialen aufgesetzt, und denen folgten die tangentialen zweiter Ordnung. An der linken Seite lässt die Grenze der ursprünglichen Schicht sich schwieriger aufweisen (an dieser wie an den Fig. 1 und 4 abgebildeten Schnitten sieht man eine schöne Uebereinstimmung im Bau des inneren Parenchyms, indem an den allen drei typisch vier Zellenreihen unterhalb der ersten Periblem-Schicht auftreten, welche Zahl auch sonst, obgleich nicht immer, bemerkt worden ist).

Noch complicirter werden die Verhältnisse, wenn die Tangentialwände dritter Ordnung auftreten (Fig. 4—5). Dass diese in den äusseren der letztgebildeten Tochterzellen zum Vorschein kommen, kann ich allerdings nicht strenge beweisen, doch scheint die rechte Seite Fig. 4 unzweifelhaft darauf hin zu deuten, wie auch die Lage der mit 2 bezeichneten Wandlinie ziemlich genau in der Mitte zwischen der mit 1 bezeichneten und der inneren Grenzlinie der Epidermis. Dass alle Wände der Würfeltheilung auftreten, geht aus dem Vergleich der beiden Figuren hervor. In den äussersten von dem Periblem abstammenden Zellen treten horizontale Wände auf (Fig. 5) und einige radiale (Fig. 4).

Die Zellen der Tapete sind schon in Fig. 4—5 durch radiale und horizontale Theilungen angelegt worden und treten daher deutlich hervor. Später schwellen und strecken sie sich vor ihrer Auflösung bedeutend (Fig. 6); die Schicht s—s bildet die fibröse Schicht[1]). —

Acacia decipiens und armata.

(Taf. 5, Fig. 7—12.)

Besonders interessant ist die vor einigen Jahren von Rosanoff[2]) näher besprochene Pollen-Bildung bei den *Acacien.* Seine Untersuchungen werfen aber, was später in der historischen Uebersicht erwähnt werden soll, kein zuverlässiges Licht über die Abstammung der Urmutterzellen des Pollens. Es bieten sich allerdings auch bedeutende Schwierigkeiten diese genau zu erörtern dar, und zwar sind die Gründe dazu theils die Kleinheit der Objecte, welche das Schneiden erschwert, theils die wenig scharfe Abgrenzung einer äussersten Zellenschicht und endlich, dass die Pollen-Urmutterzellen sich ziemlich spät, wenn sie schon von einer ganzen Menge von Zellen umlagert sind, durch optisches Verhältniss und Grösse zu erkennen geben. Wenigstens verhielten sich so die von mir besonders beobachteten Arten.

Die Staubblätter sind bei ihrer ersten Erscheinung kleine halbkugelige Höcker, deren Entstehung Zellentheilungen in der ersten der zwei bis drei deutlich abgegrenzten Periblem-Schichten der Blüthenaxe zuzuschreiben ist; vielleicht finden auch einige Zellentheilungen in der zweiten Schicht statt. Durch fortgesetzte Zellenbildung heben sie sich bald in die Höhe und werden cylindrischen, schwach keulenförmigen Organen gleich (Fig. 7, mit dem Querschnitte Fig. 8). Die Zellenvermehrung setzt sich mit grösserer Lebhaftigkeit und nach allen Seiten in dem oberen etwas aufgeschwollenen Theile fort; dadurch wird dieser grösser und grenzt sich immer deutlicher gegen den Stiel ab. Es wird hier also das Filamentum früher angelegt als die

1) Cfr. Chatin l. c. Pl. XXV, Fig. 4, *Malva silvestris* und Fig. 3, *Malva rotundifolia.*

2) Pringsheims Jahrbücher, Band IV.

Anthere, während letzte, wie bekannt, sonst immer jenem vorauseilt. Wie die Fig. 9—11 zeigt, ist der Bau der Anthere gerade nicht besonders regelmässig, und eine erste Periblem-Schicht ist nicht scharf begrenzt. Was man aber dennoch gut beobachten kann ist, dass nach einer gewissen Zeit häufige Tangentialtheilungen in den gerade unter der Epidermis befindlichen Zellen statt haben, besonders in der vorderen Hälfte der Anthere (Fig. 9—11). In der Fig. 11 traten die mit p bezeichneten vier Zellen vor den umgebenden durch ihre Grösse hervor und zeigten zugleich ein etwas verschiedenes Lichtbrechungsvermögen; ich glaube daraus schliessen zu dürfen, dass diese Zellen (besonders was die zwei untersten und die links liegende betrifft) die Pollen-Urmutterzellen sind, und es dürfte denn auch durch die Anordnung der umgebenden Zellenwände deutlich sein, dass sie durch die tangentiale Theilung einer von jenen der Epidermis angrenzenden und folglich denen der ersten Periblem-Schicht homologen Zellen hervorgegangen ist. Die Urmutterzellen sind aber, wie auch von früheren Untersuchungen bekannt war, ganz vereinzelte Zellen; weder von Zellenschicht noch Zellenreihe ist die Rede mehr, und sie liegen nicht einmal immer in genau entsprechenden Höhen der Anthere.

Wenn mehrere Zellentheilungen statt gefunden haben, als diejenigen, die wir in Fig. 11 sehen, treten die Urmutterzellen zwar weit deutlicher hervor, sind stärker lichtbrechend, aber die Anordnung der umgebenden Zellen erlauben dann keine sicheren Schlüsse auf ihre Entstehung. Sie zeigen sich dann mehr oder weniger deutlich von einer Hülle concentrisch gestellter Zellen umgeben, was auch aus den Zeichnungen Rosanoffs hervorgeht, und in den ausserhalb von ihnen liegenden Zellen haben besonders wiederholte tangentiale Theilungen statt gefunden, den bei allen anderen beobachteten Antheren homolog. In der Fig. 12 haben die Zellen der äussersten so entstandenen der Epidermis angrenzenden Schicht sich schon etwas radial gestreckt, — der Anfang zu ihrer Ausbildung als fibröse Schicht; die inneren werden aufgelöst und von einer Tapete mit radial getheilten und gestreckten Zellen habe ich keine Spur bemerkt. Die Pollen-Urmutterzelle ist hier schon in zwei zerfallen.

Obgleich ich somit glaube es als sicher betrachten zu dürfen, dass die Urmutterzellen der zusammengesetzten Pollenkörner bei den Mimosen wenigstens in einigen Fällen aus den äussersten Periblem-

Zellen entstehen, muss ich doch zu fortgesetzten Untersuchungen auffordern; denn in anderen Fällen ist es mir, obgleich die Zellenwände gerade sehr deutlich waren, doch unmöglich gewesen, in der Anordnung derselben die Abstammung der Pollen-Urmutterzellen aus einer der Epidermis angrenzenden Zelle herauszufinden.

Wie der Bau der Anthere bei den besprochenen *Acacien* ziemlich unordentlich war, ist es auch mit vielen anderen Antheren der Fall; selbst die erste Periblem-Schicht, die doch sonst scharf begrenzt (und fast immer die einzige scharf begrenzte ist) tritt weniger selbstständig auf; kommt dann dazu noch, dass die Zellentheilungen nicht mit der Regelmässigkeit hervortreten und sich ordnen wie sonst, wird es in vielen Fällen schwierig die Abstammung der Pollen-Urmutterzellen zu constatiren, besonders dann, wenn sie sehr spät ihre Eigenthümlichkeiten erhalten und erkennbar werden. Es giebt so mehrere Antheren, die ich untersucht habe, und bei denen ich nicht wage in Abrede zu stellen, dass Zellen, die nicht der Epidermis angrenzen, nie an der Bildung der Pollen-Urmutterzellen Theil nehmen. Hierhin gehören die wenigen von mir untersuchten Monocotyledonen. Von

Zannichellia macrostemon Gay

ist die achtfächerige Anthere in Fig. 18—19, Taf. 3 abgebildet. Obgleich die Pollen-Urmutterzellen zweifellos angelegt worden sind, treten sie doch noch nicht deutlich hervor, und man wird auch leicht sehen, dass die Zellentheilungen, obgleich eine erhebliche Anzahl von Tangentialtheilungen statt gefunden haben, und obgleich es auch deutlich ist, dass die an den Seiten ungetheilte Periblem-Schicht in einen getheilten Zustand übergeht, doch nicht mit der bei vielen Dicotyledonen gefundenen Regelmässigkeit ausgeführt worden sind.

Auf dieselbe Art ist es mir auch mit *Gladiolus communis, Ornithogalum pyramidale* und *Funkia ovata* gegangen. Dass die Pollen-Mutterzellen eines Faches nicht von einem einfachen Strange von Urmutterzellen abstammen, darüber kann es nur eine Meinung geben; dass sie aber alle von der ersten Periblem-Schicht abstammen, habe ich nicht constatiren können, und muss ich diese Frage zu genauerer Betrachtung empfehlen.

Bei einigen Dicotyledonen herrscht dieselbe Unordnung oder doch Mangel an Regelmässigkeit im Entwickelungsgange, z. B. bei

Eschholtzia Californica.

In einigen Fällen, von denen einer in Fig. 17, Taf. 1 abgebildet ist, blieb mir kein Zweifel, dass die Pollen-Urmutterzellen wirklich alle von der ersten Periblem-Schicht abstammen, und zugleich habe ich mich davon überzeugen können, dass die Theilungen der Wand in centrifugaler Folge statt hatten; zahlreiche Theilungen jener Schicht habe ich nie vermisst, allein es war mir doch nicht immer möglich zu entscheiden, ob nicht einige der inneren Pollen-Urmutterzellen von den weiter nach innen vor der betreffenden Schicht liegenden Zellen abstammen. Die Zahl der in Fig. 17 gebildeten Pollen-Mutterzellen wird noch bedeutend vermehrt, wie auch die Zahl der Wandzellen, die schliesslich doch nur 3—4 Schichten bilden.

Ranunculus acer

gehört auch zu denjenigen, bei welchen ich mich vergebens bemüht habe, die Abstammung der Pollen-Zellen allein aus der ersten Periblem-Schicht zu beweisen; es war oft besonders an Längsschnitten deutlich zu sehen, dass die oben einfache erste Periblem-Schicht in eine getheilte Partie überging, aber die Grenzen dieser nach innen waren ganz unklar, und auch die zweite Periblem-Schicht schien an der Pollen-Bildung Theil zu nehmen.

Bryonia alba.

(Taf. 5, Fig. 13—14.)

Die Cucurbitaceen gehören zum Theil ebenso zu den unklaren und schwierigen Objecten (über *Cyclanthera* siehe weiter unten), sind aber doch gerade klassische Pflanzen in Beziehung auf die Frage, welche hier behandelt wird, weil *Bryonia* und *Cucurbita* fast allen als Untersuchungsobject dienen mussten. Von *Bryonia alba* sind zwei Bilder, Taf. 5, Fig. 13 u. 14 dargestellt. Aus den beiden geht hervor, dass die erste Periblem-Schicht zahlreichen tangentialen und anderen Theilungen ausgesetzt ist, und aus der unteren Hälfte von Fig. 14 ist es wohl sogar möglich zu schliessen, dass die Pollen-Mutterzellen innerhalb der getheilten Partie liegen; im Ganzen ist die Ordnung der Zellen aber immer so unregelmässig, dass ich nur den einzigen Schluss mit Sicherheit habe ziehen können: die Pollen-Urmutterzellen bilden eine einfache Schicht (besonders bei *Cucurbita* tritt dies schön hervor), die erst nachträglich durch mehr oder weniger regelmässige Theilungen eine grössere Mutterzellen-Masse bilden. Dass häufige tangentiale Theilungen die Wand zwischen der schön ausgebildeten Tapete und der Epidermis bilden, ist doch deutlich genug. —

Ganz unmöglich ist es mir gewesen, die Pollen-Urmutterzellen von

Tropaeolum tricolorum und pentaphyllum u. s. w.

auf eine einfache äusserste Periblem-Schicht zurückführen zu können; hier bildet sich ganz bestimmt von Anfang an nicht eine einfache Schicht von Zellen, sondern eine grosse Menge vier cylindrische Stränge bildender Zellen in jeder Anthere zu Urmutterzellen um. Man vergleiche den in Fig. 5, Taf. 5, abgebildeten Zustand, wo der Fibrovasalstrang gerade angelegt wird, mit dem etwas älteren, Fig. 16 und 17, wo es erst möglich war jene Zellen an ihrer helleren Farbe zu erkennen und die ganzen von ihnen gebildeten Gruppen mehr oder weniger bestimmt zu umschreiben. Dass die in der äussersten immerhin hier und da deutlichen (Fig. 15) Periblem-Schicht statt habenden sehr zahlreichen Theilungen wesentlich für die äussere Form der Anthere von Bedeutung sind, ist klar genug, dass die Pollen-Urmutterzellen aber nicht alle von diesen Theilungen herrühren können und dass die Theilungen in derselben sehr unregelmässig statt haben, geht daraus hervor, dass die Gruppen nicht wie sonst deutlich von Radien (den Seitenwänden der ursprünglichen Periblem-Zellen) durchzogen sind, und dass die inneren der Zellen jeder Gruppe ausserhalb (d. h. weiter nach innen vor) der gedachten Fortsetzung der zwischen den vier Fächern noch ganz deutlichen ersten Periblem-Schicht (Fig. 16, 17) liegen.

Ein so completter Mangel an Ordnung mag immerhin sehr selten sein; *Tropaeolum* ist die einzige Pflanze, bei der ich einen so extremen Fall gefunden habe, und ich habe doch ausser den oben specieller erwähnten Pflanzen noch eine Anzahl anderer sowohl an Längs- als an den viel bequemeren Querschnitten untersucht, die sich jenen in der Hauptsache genau anzuschliessen scheinen. Solche sind z. B. *Anthriscus silvestrer*, der drei Schichten Wandzellen (die tapezierende Schicht mit einbefasst) und eine an Querschnitt halbmondförmige Schicht nachher etwas getheilter Pollen-Urmutterzellen besitzt. *Rheum compactum*, dessen Pollen-Mutterzellen schliesslich einen cylindrischen Strang bilden, *Chenopodium, Amarantus, Alchemilla vulgaris* (bei der doch möglicherweise auch einzelne innere Periblemzellen als Urmutterzellen des Pollens fungiren) und *Ricinus Americanus* (wo dasselbe vielleicht der Fall sein dürfte; die Uebereinstimmung mit *Euphorbia* (siehe unten) scheint sonst gross zu sein)[1]).

Bei noch mehreren anderen, deren Antheren zu weit entwickelt waren, als ich sie untersuchen wollte, konnte ich daher über die Entstehung der Pollenzellen nichts schliessen; überall dagegen fand ich immer die unter der Epidermis folgenden Wandzellen schön radial geordnet, was auf eine Abstammung durch tangentiale Theilungen von gemeinsamen Mutterzellen hindeutet, so z. B. bei *Spiraea Ulmaria, Stellaria media, Aristolochia Clematitis, Primula Auricula* und *farinosa*, *Menyanthes trifoliata*, bei welcher die Tapete schön ausgebildet ist, und einen oft fast cylindrischen Pollen-Mutterzellenstrang umschliesst, *Dicentra vulgaris*[2]) u. a. In allen Fällen scheinen somit die Wandzellen aus einer gemeinsamen Schicht abzustammen oder wenigstens durch Würfeltheilung aus der den Epidermis-Zellen unmittelbar angrenzenden Periblem-Zellen, sei es nun dass diese die ursprünglichen primären sind, welches wahrscheinlich nie der Fall ist, oder nach Abtrennung der Pollen-Urmutterzellen schon den secundären angehören.

Resultate der Untersuchungen.

Recapitulire ich die Resultate meiner im Vorangehenden mitgetheilten Untersuchungen über den Bau der Anthere gewöhnlicher Staubblätter, so möchte ich diese folgendermassen zusammenstellen.

---

1) Ueber die schöne Dichotomie der Filamente dieser Pflanze siehe Warming, Forgreningsforhold hos Fanerogamerne, Det Kgl. Danske Videnskab. Selsk. Skrifter. X. Bd. 1, 1872 (mit französischem Résumé) und Tab. XI, Fig. 32—34.

2) Das Diagramm dieser Blüthe habe ich nirgends correct gezeichnet gefunden, indem die zwei seitlichen zweifächerigen Antheren jeder Phalanx nicht so gestellt sind, dass die Fächer nach aussen gekehrt sind, was gewöhnlich angegeben wird; sie sind im Gegentheil in der jungen Knospe gegen die mittlere vierfächerige Anthere gewendet, und das eine Fach einer gegebenen zweifächerigen Anthere liegt rechts, das andere links vor dem entsprechenden inneren Fache der vierfächerigen Anthere. Man braucht nur die zur selbigen Seite der Blüthe liegenden halben Antheren der beiden Phalangen sich einander nähern zu lassen (denn sie kehren sich dem zufolge die Connexive zu), um die medianen vierfächerigen Antheren von *Hypecoum* zu erhalten.

1. Die junge Anthere besteht aus einem ziemlich unordentlichen Meristem, in dem ausser der Epidermis gewöhnlich nur noch eine Periblem-Schicht scharf differenzirt ist; bisweilen nicht einmal diese.

2. Wenn ein Fibrovasalstrang überhaupt im Connexiv gebildet wird, fängt die Procambium-Bildung desselben sehr früh in der Medianlinie des Staubblatts an. Der fertig angelegte Fibrovasalstrang ist vorn und hinten gewöhnlich von wenigstens einer, bisweilen 2—3 mehr oder weniger scharf bestimmten Zellenschichten (Periblem) bedeckt [1]).

3. Eine speciell charakterisirte Zellenbildung des innerhalb der ersten Periblem-Schicht liegenden Meristems, welches übrigens vorzugsweise in transversaler Richtung vermehrt wird, findet oft an den

---

1) Die Frage, wie viel vom Gewebe der Phyllome Periblem und wie viel Plerom zu nennen ist, ist, so viel ich weiss, bisher nicht erörtert worden. Wir müssen uns bei der Entscheidung dieser Frage an die von den Kaulomen, durch die ausgezeichneten Untersuchungen Hansteins, entlehnten Begriffsbestimmungen halten. Wollte man die kappenförmige Anordnung des Periblems für das wesentliche überall entscheidende Merkmal dieser Gewebe fixiren, und alles von diesen Kappen umhüllte Gewebe Plerom nennen, würden wir bei den Antheren in den meisten Fällen nur eine einzige Periblemkappe haben und sonst nicht mehr, was Periblem zu nennen wäre. So hat Hanstein aber auch nicht die Begriffe festgestellt. Das Wesentliche liegt vielmehr in der — oft, aber nicht immer —, in der Anordnung der Zellen der nackten Stengelspitze ausgedrückten verschiedenen Function der Gewebe als Muttermeristem der primären Rinde und Muttermeristem des Fibrovasalsystems und des Marks. Das geht aus folgenden Worten Hansteins (Scheitelzellgruppe, S. 128) hervor: »In allen Fällen, wo das gesammte Periblem deutlich gesondert ist, kann man leicht wahrnehmen, dass die äusserste Plerom-Schicht das Procambium erzeugt. Wo dagegen die inneren Periblem-Lagen durch unregelmässige Zellentheilung der Form nach in das Plerom übergehen, dürfen wir umgekehrt im Auftreten des Procambiums die natürliche Grenzlinie des Pleroms erkennen«.

Führen wir dies auf die Antheren über, dann sehen wir, dass die Procambium-Bildung gewöhnlich nur noch zwei Schichten oder was zwei Schichten ungefähr entsprechen wird, wenn die Anordnung unregelmässiger ist, an der oberen und unteren Blattfläche übrig lässt; diese Schichten bilden dann das Periblem der Anthere. Das Staubbatt ist dann einem Kaulome zu vergleichen, bei dem das ganze Plerom in die Bildung des Fibrovasal-Bündels aufgeht, ohne dass ein Markmeristem übrig bleibt.

Ecken der Anthere, innerhalb der künftigen Fächer statt. Durch besonders tangentiale und etwas schief gestellte senkrechte Theilungswände wird hier oft ein Gewebe gebildet, das in einigen Fällen, wenn stark entwickelt, placenta-ähnlich in das Antherenfach hineinspringt (die »Placentoiden« Chatins), in anderen Fällen aber auf wenige Zellen beschränkt ist; in wieder anderen scheinen solche Zelltheilungen fast gar nicht ausgeführt zu werden.

4. Die erste Periblem-Schicht der Anthere ist in den meisten der untersuchten Fälle, unter denen die reichsten Familien des Pflanzenreichs: Compositen, Leguminosen, Cruciferen, Solanaceen, Scrophulariaceen, Labiaten, Borraginaceen, Rubiaceen, Malvaceen etc. sich befinden, die Mutterschicht des Pollens und des grössten und wichtigsten Theils der Antherenwand (der fibrösen Schicht). In anderen seltneren Fällen scheinen auch Zellen des innerhalb der ersten Periblem-Schicht folgenden Meristems an die Pollen-Bildung abgegeben zu werden (*Tropaeolum*, vielleicht mehrere Monocotyledonen und andere); in jener Schicht finden aber immer und auch in diesem letzten Falle bedeutende Zellentheilungen statt, und die inneren Schichten der Wand dürften daher überall von ihr abstammen.

5. Wo die Bildung der Pollen-Urmutterzellen allein an die erste (scharf differenzirte) Periblem-Schicht gebunden ist, haben die zuerst auftretenden tangentialen Wände die Bedeutung die Scheide zwischen den Urmutterzellen des Pollens und denen der Wand zu constituiren; da diese Wände die Zellen genau halbiren und folglich in den benachbarten Zellen an einander stossen, entsteht in der That an den vier Ecken der Anthere eine Spaltung der ursprünglichen Periblem-Schicht in zwei.

6. Die innere der so entstandenen Schichten, die Urmutterzellenschicht des Pollens, hat in einigen Fällen eine bedeutende Ausstreckung und ist (an Querschnitten) halbmondförmig gebogen (bei den Labiatifloren, wo die mächtige Placentoiden-Bildung statt hat); in anderen ist sie aus wenigen (2—3) Zellenreihen zusammengesetzt, und endlich haben wir die extremen Fälle, dass sie aus einer einzigen Zellenreihe besteht, so dass es in der That vier einfache senkrechte Zellenreihen in jeder Anthere sind, die sich als Pollen-Urmutterzellen differenziren (Compositen, Malvaceen, Oenothera?), und dass nur vereinzelte Zellen als Pollen-Urmutterzellen auftreten (Mimosaceen). Zu bemerken ist

übrigens, dass es nie alle die nach innen abgetrennten Zellen sind, welche als Urmutterzellen des Pollens fungiren, sondern nur die mittleren; die an den Rändern der Schichten liegenden werden auf andere Weise benutzt, so z. B. bei der Tapetenbildung; es ist daher auch ein häufiger Fall, dass die primären tangentialen Theilungswände, welche an den Flanken der Schichten liegen, sich mehr oder weniger schief stellen, die concentrische Umhüllung des Antherenfaches beabsichtigend.

7. Die Pollen-Urmutterzellen bleiben wohl nie alle ungetheilt bis zu dem Stadium, da die Tetraden-Bildung statt findet; in wenigen Fällen sind die Theilungen derselben aber so sparsam und auf bestimmte Weisen beschränkt (horizontale und radiale Wände), dass der ursprüngliche Charakter der Pollen-Mutterzellen als einfache Schicht oder einfache Reihe nicht verloren geht. In anderen Fällen treten alle drei Arten von Wänden der Würfeltheilung auf, und es entsteht eine mehrfache Schicht oder wohl gar ein cylindrischer vielzelliger Strang von Pollen-Mutterzellen; in fast allen Fällen ist die Abstammung aus einer einfachen Schicht an die Anordnung der Zellen und die den Mutterzellencomplex durchziehenden Radien (die Seitenwände der ursprünglichen Periblem-Zellen) zu erkennen; der Theilungsprocess findet übrigens nicht mit der Regelmässigkeit statt wie in den Mutterzellen der Wand, und zur förmlichen Schichtenbildung kommt es nie.

An dem oberen und unteren Ende des Urmutterzellenstranges oder an den Rändern der Urmutterzellenschicht des Pollens finden die Theilungen nicht so lebhaft statt wie in der Mitte.

8. Die äussere durch die primären Tangentialtheilungen gebildete Schicht zerfällt dagegen immer durch regelmässige Würfeltheilung in eine Anzahl (wie es scheint am häufigsten drei) neue mehr oder weniger scharf bestimmte Schichten. Radiale, horizontale und tangentiale Theilungen wechseln mit einander, ohne dass hierin eine andere Regel zu erkennen ist, als dass der Zellenbildungsprocess typisch und im Ganzen genommen centrifugal vorschreitet; besonders fallen die tangentialen Theilungen in die Augen und sind die vorherrschenden; die Wandzellen erhalten daher im Allgemeinen das Aeussere der tafel- oder backsteinförmigen Korkzellen. Nur die innerste dieser Wandschichten, welche an die Pollen-Zellen angrenzt, verliert diesen Charakter; ihre Zellen werden oft durch radiale und horizontale Theilungen mehr kubisch.

9. Das Schicksal der verschiedenen Wandschichten ist verschieden. Die äusserste oder wenn sie besonders zahlreich sind die äusseren werden erhalten und zu den fibrösen Zellenschichten (gewöhnlich findet sich nur eine solche) ausgebildet; die mittlere oder mittleren werden ohne besondere Veränderungen zu erleiden aufgelöst; die innerste wird ebenfalls aufgelöst, aber oft erst nachdem ihre Zellen speciellen Veränderungen unterworfen gewesen sind; dazu gehören die erwähnten radialen und horizontalen Theilungen, gewöhnlich eine demnächst eintretende gelbe Färbung und eine spätere bedeutende Aufschwellung und Streckung in radialer Richtung. Da nun alle anderen den Complex der Pollen-Mutterzellen umgebenden Zellen, die also von dem innerhalb der ersten Periblemschicht folgenden Meristeme abstammen müssen, den nämlichen Veränderungen unterworfen werden, wird das Antherenfach somit von einer unter der Ausbilduug der Pollenkörner verschwindenden Tapete von der beschriebenen Farbe und Zellenbau bekleidet. In anderen Fällen ist eine solche Tapete nicht oder eine Tapete überhaupt nicht vorhanden.

10. Die Epidermis theilt sich gewöhnlich nur durch Flächentheilung; das Vermögen hierzu geht nicht dem von innen ausgehenden, wachsenden Drucke der entstandenen Zellenmassen parallel, daher man immer finden wird, dass die Epidermiszellen der Oberflächen der Fächer mehr tafelförmig, radial zusammengedrückt, die des Connexivs und der Aufspringungs-Suturen mehr kubisch oder in radialer Richtung gestreckt sind. Tangentiale Theilungen der Epidermis finden bei einigen Pflanzen an der Aufspringungssutur statt, oft mehrere in einer Zelle und es entsteht dadurch ein kleinzelliges oft aufschwellendes Gewebe, welches wahrscheinlich die Aufspringung erleichtert oder gar aufgelöst wird. Die Epidermiszellen scheinen übrigens in der reifen Anthere eine unbedeutende Rolle zu spielen, sie sind oft dünnwandig und zusammengefallen.

11. Die primäre Periblemschicht bleibt oft lange Zeit oder vielleicht immer ungetheilt an der Aufspringungssutur zwischen den beiden Fächern einer Antherenhälfte; in anderen Fällen werden ihre Zellen auch hier sehr früh durch tangentiale und andere Wände getheilt, und es entsteht ein kleinzelligeres Gewebe, das, soviel ich gesehen habe, ebenfalls oft aufgelöst wird.

Diess sind in aller Kürze meine Resultate. Dass ich meine Untersuchungen nicht über eine grössere Anzahl Pflanzen habe ausdehnen können und auch nicht überall bei den erwähnten Pflanzen vollständige Entwickelungssuiten beobachtet habe, mag der verehrte Leser mir verzeihen. Ich fühle nur zu sehr, wie viel zu thun noch übrig ist, ehe wir eine gründliche Erkenntniss der Entwickelungsgeschichte der Anthere erhalten werden; an vielen Punkten bleiben Fragen zurück, deren Lösung der Zukunft vorbehalten ist; doch glaube ich, dass ich wohl die wichtigeren generellen Verhältnisse gefunden haben werde. Eine Bestätigung meiner Resultate würde nicht nur mir, sondern der Wissenschaft überhaupt erwünscht sein, weil die Untersuchungen nicht immer ohne Schwierigkeiten sind, und vorgefasste Meinungen auf die Ermittelung der Zellenbildungsvorgänge nur alle zu leicht einen nachtheiligen Einfluss haben können.

2. Ueber Pollen bildende Kaulome.

In natürlicher Verbindung mit einer Untersuchung über die in den Pollen bildenden Blättern, den Staubblättern, statthabenden Entwickelungsprocesse wird sich auch die Frage von den Pollen bildenden Kaulomen oder sogenannten axilen Antheren, welche in den allerletzten Jahren die Botaniker vielfach beschäftigt hat, abhandeln lassen.

Als Pflanzen, welche solche Pollen bildende Kaulome haben sollen, sind bisher nur wenige aufgeführt worden, nämlich *Casuarina* von Kaufmann[1]), *Najas*, *Caulinia* und *Zannichellia* von Magnus[2]), *Typha* von Rohrbach[3]), *Euphorbia* und *Cyclanthera* von mir[4]) und *Euphorbia* von Schmitz[5]). Aber ich muss gestehen, dass es mir sehr wahrscheinlich ist, dass solche auch anderswo vorkommen, z. B. viel-

1) Bulletin de la société impériale des naturalistes de Moscou, 1868.

2) Zur Morphologie der Gattung Najas L., Botan. Ztg. 1869 und Beiträge zur Kenntniss der Gattung *Najas*, 1870.

3) Verhandlungen des botan. Vereins für die Provinz Brandenburg 1869.

4) Flora, 1870, No. 25; Videnskabelige Meddelelser fra den naturhistoriske Forening i Kjöbenhavn, 1871, S. 1 (meine Dissertation: Er Koppen etc.); Det Kgl. danske Vidensk. Selskabs Skrifter, 1872, X. Bd., 1.

5) Flora 1871, No. 27—28: Zur Deutung der *Euphorbia*-Blüthe.

leicht im merkwürdigen Blüthenstande von *Zostera* und bei einigen der von den Gegnern der ganzen Theorie der axilen Antheren angeführten Pflanzen (z. B. Centrolepideen, Euphorbiaceen).

Denn der „Erfindung“ der axilen Anthere sind andere Auffassungsweisen von verschiedenen Botanikern entgegen gehalten worden. Hier sind besonders zu nennen Joh. Müller[1]), Hieronymus[2]), Celakowsky[3]) und endlich Strasburger[4]).

Von den oben genannten Pflanzen werde ich noch hier die zwei, die ich zu untersuchen Gelegenheit gehabt habe, näher besprechen: *Euphorbia* und *Cyclanthera*.

Euphorbia.

Nachdem ich in 1870—71 die Frage über die Natur des sogenannten »Cyathiums« bei dieser Pflanze wieder hervorgezogen und damit die Irrthümer Payers und Baillons in Bezug auf die Entwickelung desselben nachgewiesen hatte, ist die Litteratur über diese Gattung bedeutend vermehrt worden, wie aus den oben angeführten Citaten hervorgeht. Es ist in der That eine ganz merkwürdige Menge von Deutungen jener Bildung, die uns geboten wird. Einerseits finden wir die alte Linné'sche Annahme, dass das Cyathium eine Blüthe mit vielen Staubträgern sei, von Payer und Baillon aufgenommen, mit der Modification doch, dass sie zusammengesetzte Staubblätter annehmen. Ihnen schliesst sich auch (obwohl mit Zweifel) Hieronymus an, doch nimmt er nicht wie diese beiden französischen Forscher monopodiale, sondern sympodialverzweigte Staubblätter an. Auf der anderen Seite finden wir die Blüthenstands-Anhänger, mehr oder weniger sich der Rob. Brown-Roeper-Wydlerschen Theorie anschliessend. Diese divergiren aber in Bezug auf die Deutung der männlichen Blüthen, indem Einige wie Schmitz und ich sie als ganz und gar axiler Natur zu sein

---

1) Flora 1872, No. 5: Bestätigung der R. Brown'schen Ansicht über das Cyathium der Euphorbien. Vergl. ferner »Flora Brasiliensis« edit. Eichler.

2) Botan. Ztg. 1872, No. 11—13, Einige Bemerkungen über die Blüthe von *Euphorbia* etc.

3) Flora 1872, No. 10: Noch ein Versuch zur Deutung der Euphorbien-Blüthen.

4) Die Coniferen und Gnetaceen, 1872.

betrachten, demzufolge auch die Anthere als axile auffassen. Andere wie Celakowsky und Strasburger, zwar das ganze Filamentum als Axenorgan, die Antherenfächer aber als eine rudimentäre Blattbildung betrachten, also wie Roeper zuerst die Sache aufgefasst hat. Endlich giebt es noch eine dritte Klasse, welche nur den unterhalb der Articulation liegenden Theil des Filaments als Kaulom auffasst; in dem übrigen, oberhalb der Articulation liegenden Theile mit der Anthere dagegen ein Phyllom sehen und zwar ein terminales; hierher gehören Müller und für den Fall, dass es sich zeigen sollte, dass das Cyathium wirklich ein Blüthenstand sein sollte — auch Hieronymus.

In meiner so eben erschienenen Abhandlung über Verzweigungsverhältnisse bei den Phanerogamen[1]) bin ich zuletzt zur Besprechung der Verzweigung und Deutung des Cyathium gekommen; trotzdem, dass die Abhandlung von einem französischem Resumé begleitet ist, dürfte es doch nicht überflüssig sein, hier etwas von dem dort Gesagten zu wiederholen und einige Bemerkungen zu der oben citirten Abhandlung von Hieronymus, die meine Dissertation zum unmittelbaren Gegenstand hat, in ausführlicherer Darstellung mitzutheilen und man erlaube mir, eben weil die Verhältnisse so complicirt sind, einen längeren morphologischen Excurs über das Cyathium, ehe ich zur Anthere selbst werde kommen können.

Was die Thatsachen der Entwickelung betrifft, so herrschen unbedeutende Differenzen zwischen Hieronymus und mir; er bestätigt im Allgemeinen, was ich den Herren Payer und Baillon gegenüber beobachtet hatte. Das Resumé, welches H. im Anfang seiner Abhandlung von meinen Resultaten giebt, ist doch in einigen Punkten unklar und steht hinter dem von Schmitz in „Flora“ (l. c. S. 418) gegebenen zurück[2]).

---

1) »Forgreningsforhold hos Fanerogamerne« in »Det Kgl. danske Videnskabernes Selskabs Skrifter«, X. Bd., 1872.

2) Ich werde nur hervorheben, dass folgende Worte S. 171: »Diese Wickel umgeben in einem Wirtel die in der Mitte stehende weibliche Blüthe, das Endproduct der Hauptachse« wenig geeignet sind, bei dem Leser eine Vorstellung von der von mir sehr stark betonten succedanen Folge der Deckblätter und superponirten Staubträger zu erregen.

Am meisten divergiren wir in Bezug auf die zwischen den Staubträgergruppen stehenden Schuppenbildungen, welche ich unordentlich getheilt und oft in einer Anzahl von mehreren gefunden habe, während Hieronymus eine wickelartige Verzweigung derselben entdeckt zu haben glaubt. Es schien mir diese Frage für die Entscheidung, ob Blüthe oder Blüthenstand, durchaus nicht von Bedeutung zu sein, und habe ich mich daher auch nicht darum bekümmert neue Untersuchungen anzustellen, nachdem die Beobachtungen von Hieroymus mir bekannt geworden waren.

Anderen Bemerkungen von Hieronymus werde ich im Folgenden begegnen, indem ich jetzt zur Aufführung der Gründe übergehe, warum ich mich noch zur Blüthenstandstheorie bekennen muss.

1. Ich habe in meiner Dissertation, dann neuerdings und ausführlicher in meiner Abhandlung über die Verzweigung der Phanerogamen gezeigt und durch Abbildungen erläutert, dass die vegetativen Knospen bei *Euphorbia* (wie überhaupt sonst im Pflanzenreiche) oft lange nach Bildung der stützenden Blätter und daher von der Stengelspitze weit entfernt angelegt werden; dass der Zeitunterschied zwischen der Bildung der beiden Organe, d. h. der Blätter und deren Achselknospen, geringer wird, je mehr der Stengel die florale Natur annimmt. Zuletzt werden die Deckblätter und ihre Knospen gleichzeitig gebildet, und eine Knospe ist dann thatsächlich immer die höchste Neubildung an der Achse; parallel mit diesem Entwickelungsgange geht denn auch eine fortwährende Reduction der Blätter und eine entsprechende Zunahme der Knospen an Ueberlegenheit. Dieser Metamorphosengang fährt aber fort, wenn wir zum Cyathium übergehen, und der Uebergang ist in einigen Fällen so gelinde wie nur möglich[1]). Während wir also in dem einen Falle ein Deckblatt mit seiner Achselknospe, die sich zu einer cymösen Inflorescenz entwickeln wird, vor uns haben, finden wir nach dem nächsten durch die Blattspirale gegebenen Schritt zwei Bildungen, die jenen in Form und relativer Stellung durchaus ähnlich sind, die sich aber zu einem Cyathium-Deckblatte und dem demselben superponirten Staubträger entwickeln. Nun fragt sich also: was ist das Natürlichste, dass wir hier wieder ein Blatt mit seiner

1) Siehe z. B. die Figuren 6—7, Taf. 1, meine Dissertation: Videnskabelige Meddelelser 1871.

Achselknospe vor uns haben, oder dass wir durch einen plötzlichen Sprung von einem aus solchen zwei Bildungen zusammengesetzten Doppelorgan zu einem anderen, das aus zwei Blättern gebildet wird, geführt worden sind. Das letzte wäre wohl möglich, ist aber durchaus nicht wahrscheinlich; und ist erst das unterste dieser Doppelorgane des Cyathiums als aus Blatt und Knospe zusammengesetzt zu deuten, folgt es von selbst, dass die vier folgenden, die Spirale fortsetzenden es ebenso sind. Dieser Punkt wird aber von Hieronymus mit Stillschweigen übergangen; ich habe ihn jedoch in meiner Dissertation und dem französischen Resumé derselben deutlich hervorgehoben.

2. Hieronymus sagt (l. c. S. 173): »Es scheint, dass Warming mit Unrecht die Entstehung der ersten Antherenträger- und Perigonblatt-Anlage bei *Euphorbia* als gemeinsamen Primordial-Höcker mit der Entwickelung der Axillarknospen und ihrer Stützblätter in der Blüthenregion mancher *Cruciferen*, *Gramineen* u. s. w. vergleicht. Der Vergleich mit den den *Euphorbiaceen* verhältnissmässig näher verwandten *Hypericineen*, der für die Deutung des *Euphorbia*-Cyathiums als Blüthe spricht, scheint mir passender.«

Die Begründung dieses Vorwurfs ist wohl in dem auf S. 171—73 Vorhergehenden zu finden. Hieronymus bespricht hier die bei einigen Familien beobachtete Entstehung der Blumenblatt- und Staubblattanlagen aus einem ursprünglich angelegten Primordium. Ich glaube nun übrigens, dass dieses im Allgemenen so auszudrücken ist, dass das Blumenblatt (so viel ich weiss, ist es bisher nur bei Kronblättern beobachtet worden) und Staubblatt von Anfang an mit einander an ihrem Grunde vereinigt sind. Hierzu erlaube man mir aber einige Bemerkungen über das Verhalten der Achselknospe und des stützenden Blattes im Allgemeinen, von dem übrigens in meiner Abhandlung über die Verzweigung Näheres zu lesen ist[1]).

Es ist die Regel das ganze Phanerogamen-Reich hindurch, dass Blatt und Achselknospe an ihrem Grunde mit einander verbunden sind; die Knospe steht nicht nur auf der Mutterachse, sondern auch auf dem Blatte, und dasselbe gilt umgekehrt auch für dieses. Dies scheint mir früher nicht scharf genug hervorgehoben zu sein. In

1) L. c. S. 143 ff. und das franz. Resumé, pag. VIII sq., XVIII sq.

der vegetativen Region entsteht die Knospe daher auch in dem Grunde des Blattes, weil dieses um so viel älter ist. In der floralen treten dagegen verschiedene Verhältnisse hervor; denn bald entsteht die Knospe gleich nach dem Blatte, bald gleichzeitig mit ihm, bald vor ihm und das Blatt erscheint oft besonders in den beiden letzten Zufällen als ein wulst- oder fersenförmiges Gebilde auf der Knospe, weil diese so viel grösser ist als jenes und eben weil die allgemeine ursprüngliche Vereinigung ihrer basalen Theilen auch hier Statt findet. Es kommen dann solche Bildungen zum Vorschein, wie ich in meiner Dissertation als bei Cruciferen und Gramineen vorkommend erwähnt und abgebildet habe, wie ich bei vielen Pflanzen in meiner Abhandlung über die Verzweigung erwähnt habe, wie Caruel[1]) und Magnus[2]) bei *Carex* erwähnen, wie Koehne bei den *Compositen*[3]) und Wretschko bei den *Cruciferen*[4]) besprochen haben. Von »Theilung« eines neutralen Epiblastems in Blatt und Knospe kann die Rede nicht sein; das Phänomen, dass diese Bildungen sich als Doppeltorgane für uns präsentiren, ist eine ganz einfache Folge von der immer Statt findenden Vereinigung ihrer basalen Theile, tritt aber nur deswegen so deutlich hervor, weil die betreffenden Organe gleich nach ihrer Bildung beide sehr klein und fast gleich hoch sind. Ueberall wo die Deckblätter und ihre Achselknospen in einem Blüthenstande gleichzeitig oder ziemlich gleichzeitig angelegt werden, dürfen wir also erwarten, dass sie uns dieselben Bilder geben werden, wie die vereinigten Deckblatt- und Staubträgeranlagen des Cyathiums von *Euphorbia*. Es dürfte daher jedenfalls sehr natürlich sein, diese Bildungen mit jenen überall in der floralen Region der Blüthenpflanzen vorkommenden zu vergleichen. Aber vielleicht hat Hieronymus doch Recht in dem Punkte, dass die Staub-Blatt- und Blumen-Blatt-Anlagen bei Hypericineen und anderen Familien in weit höherem Grade zur Vergleichung auffordern als jene letzten. Hierzu habe ich zu bemerken, dass allerdings die aus zwei Blattanlagen gebildeten Doppel-Organe mit jenen aus Blatt und Knospe gebildeten im Aeusseren voll-

---

1) Annales d. sc. natur., sér. V, tom. 7, 1867.

2) Sitzungsber. naturf. Freunde zu Berlin, Jan. 1871.

3) Blüthenentwickelung bei den Compositen, S. 17—18.

4) Sitzungsber. d. Wiener Akad. 1868, Bd. LVIII.

kommen übereinstimmen müssen, so viel ich sie besonders aus den Beschreibungen und Abbildungen der Autoren, vorzüglich Payer, kenne (aus Autopsie kenne ich sie nur wenig, was wahrscheinlich auch mit Hieronymus der Fall sein dürfte). In so weit können wir sie also wohl vergleichen. Dann muss aber in Betracht gezogen werden, erstens, dass jene Doppelblätter viel seltener vorkommen und wohl gerade sogar ziemlich selten sind, während die andere Art von Doppelorganen überaus häufig angetroffen werden kann, und zweitens entstehen jene nach allen mir bekannten bisher publicirten Entwickelungsgeschichten immer simultan, bilden daher ächte Wirtel, während die Doppelorgane des Cyathiums bei *Euphorbia*, gerade wie diese, succedan angelegt werden und folglich in Spiralen geordnet stehen. Wenn man dies alles in Betracht zieht, dazu noch jenen unter 1) angeführten Grund fügt, scheint es mir, dass die Vorwürfe von Hieronymus, ich hätte lieber jene bei Hypericineen u. a. vorkommenden Bildungen in Betracht ziehen sollen, mit Unrecht gethan sind; es war eben nur das Natürlichste, auf diese anderen Doppelorgane den Blick vorzugsweise zu werfen. Allerdings ist es wohl auch die Meinung von Hieronymus, dass gerade, weil die *Euphorbiaceen* mit den *Hypericineen* näher verwandt sind als mit den *Gramineen, Cruciferen* u. s. w., jene auch um so mehr in Betracht genommen werden dürfen, und die Uebereinstimmungen, welche sie mit *Euphorbia* bieten, müssen um so mehr wiegen als diejenigen, welche wir anderswo entdecken können. Da meine ich jedoch, dürfen wir aber die nächsten Verwandten der umstrittenen Gattung, der *Euphorbia*, vor den ferneren nicht vergessen, und wenn wir erwägen, dass keine von diesen hermaphrodite Blüthen, noch, so viel wir wissen, solche mit zusammengesetzten Staubblättern hat, wird es unnatürlich, der *Euphorbia* solche aufzwingen zu wollen, und sie dadurch von ihren sonst näheren Verwandten zu trennen; da wird der Hinblick zu den in der floralen Region der Blüthenpflanzen so überaus häufigen aus Deckblatt und Achselknospe gebildeten Doppelorganen der einzige natürliche.

Die Meinung ist auch von anderer Seite ausgesprochen worden (noch ist nichts Authentisches publicirt), dass wir in der von Sieler[1])

---

1) Botan. Zeitung 1870, No. 23—24: »Beiträge zur Entwickelungsgeschichte des Blüthenstandes und der Blüthe bei den Umbelliferen«.

publicirten Entwickelungsgeschichte der Blüthen gewisser Umbelliferen (*Cicuta virosa, Daucus Carota, Peucedanum Parisiense, P. Cervaria, P. officinale* u. a.) einen vollständig analogen Vorgang zu dem bei *Euphorbia* vorkommenden haben. Dies muss ich aber auf das Bestimmteste verneinen. Denn erstens geht es deutlich hervor, dass die Worte Sielers mit seinen Zeichnungen nicht übereinstimmen. S. 377 l. c. sagt er: »In einer zweiten Reihe der Umbelliferen entstehen die Staubgefässe wohl successiv nach $^2/_5$ Divergenz, wie oben, doch tritt ein sehr charakteristischer Umstand hinzu, welcher darin besteht, dass parallel mit der Entwickelungsfolge der Stamina die der Sepala verläuft. Anstatt des einen Höckers, wie es im ersten Typus der Fall war, treten hier immer zwei superponirte Anlagen auf, von welchen die obere sich zu einem Stamen, die darunter stehende zum Sepalum ausbildet. Kaum ist auf dem Torus ein Staubgefäss angedeutet, so wächst auch unter demselben der Kelchzahn hervor.« Wenn man aber seine Zeichnungen (Fig. 13—19) studirt, findet man einen abweichenden Vorgang, der darin besteht, dass die Kelchblätter immer den superponirten Stamina etwas vorauseilen. Dass dies so ist, muss ich aus eigener Untersuchung an *Daucus Carota*[1]) bestätigen; dazu werde ich auch besonders hervorheben, dass die superponirten Kelch- und Staubbläter bei *Daucus* keinesweges Doppelorgane bilden, jenen bei *Euphorbia* gleich, indem sie nicht mit ihren basalen Theilen verbunden sind, und das Thal zwischen ihnen liegt nicht über die angrenzende Stengeloberfläche gehoben, wie dies bei allen oben erwähnten ächten Doppeltorganen der Fall ist.

Ich glaube also noch jetzt sagen zu können, was ich in meiner Dissertation aussprach, dass keine Blüthen-Entwickelungsgeschichte bisher publicirt worden ist, welche der Entwickelung des Cyathiums genau entspricht. Damit meine ich aber nicht, dass wir nicht Blüthen finden werden, welche mit *Euphorbia* darin übereinstimmen, dass die Staubträger- und Blumenblattanlagen gleichzeitig, als mit ihren basalen Theilen verbundene Doppelorgane, gebildet werden, und dass diese Doppelorgane wieder, in Verhältniss zu einander betrachtet, succedan oder in Spirale angelegt werden. Ich glaube sogar, dass dies bei den

---

1) Forgreningsforhold hos Fanerogamerne, l. c. S. 123 ff., Tab. XI, Fig. 25—31.

Hypericineen der Fall sein wird, obgleich die Untersuchungen Payers[1]) und auch die Bemerkungen von Hieronymus (l. c.) auf eine simultane Anlegung hindeuten. Zwar sind mir die jüngsten Entwickelungszustände von *Hypericum hircinum* unbekannt; aber ältere zeigen aufs deutlichste eine der Spirale $^2/_5$ entsprechende Verschiedenheit im Entwickelungsgrad[2]), und von dieser darf man vielleicht auf eine entsprechende Succession in der Entstehung folgern. Wenn dies sich so verhält, wird sich eine grössere Aehnlichkeit in der Entwickelung zwischen *Euphorbia* und *Hypericum* vorfinden, als selbst Hieronymus annehmen könnte; vollständig übereinstimmend werden sie aber dennoch bei weitem nicht sein; denn erstens haben wir die fernere Ausbildung der Antherenträger in Betracht zu nehmen, zweitens werde ich auch auf die Unterschiede des inneren Baues aufmerksam machen.

3. Eine nicht unwesentliche Stütze für die Auffassung jener Doppelorgane im *Euphorbia*-Cyathium als von Deckblatt- und Achselknospen-Anlagen gebildet finde ich in der Histologie derselben. Ich muss hier wieder den verehrten Leser auf meine Abbildungen in den citirten Schriften d. dän. Ges. d. Wissenschaften verweisen, wo ich Tab. IX in Fig. 13—15 Längsschnitte durch junge Cyathien und die bestrittenen jungen Bildungen abgebildet habe, und denen ich noch mehrere ganz übereinstimmende hätte beifügen können. Was ich hervorzuheben habe, ist, dass die Cyathiumdeckblätter in den alleräussersten (1.—2.) Periblemschichten der Achse gebildet werden, und dadurch also in vollständigster Uebereinstimmung mit allen ähnlichen schwach entwickelten Deckblättern sind; dass die superponirte Staubträgeranlage in den tiefer liegenden (3.—4.) Periblemschichten, ja sogar zum Theil in den äussersten Pleromreihen (wenn mit solchen identisch sind die Zellen-Reihen des Inneren, die sich schnell spalten und ihre Anzahl vermehren) angelegt werden, während die erste und zweite Periblemschicht ganz wie das Dermatogen emporgetrieben

1) Organogénie de la fleur, Pl. I, Texte p. 3. Es scheint nach den Zeichnungen Payers, denen Hofmeister (Allg. Morphol. p. 467) zu folgen scheint, dass die Staubträger, die Payer unrichtig als Kronenblätter bezeichnet, vor diesen entstehen; die mit p. Pl. 1, Fig. 2 bezeichneten Organe dürften aber vielleicht vielmehr das beiden gemeinsame Primordium sein.

2) Cfr. meine Fig. 20, Tab. XI, Videnskabernes Selskabs Skrifter l. c.

werden und ihre Zellen nur durch radiale Theilungen vermehren; dass diese Staubträgeranlagen schnell einen sehr regelmässigen Bau und namentlich sehr schön ausgeprägte Plerom-ähnliche Reihen, während die Blattanlagen den gewöhnlichen Blattbau erhalten, dass endlich der Fibrovasalstrang des *Euphorbia*-Staubträgers sehr spät entsteht (vergl. meine Dissertation, xyl. 14, pg. 83, u. a. Figuren), nachdem die Anthere schon weit entwickelt ist, während die Fibrovasalstränge der gewöhnlichen Staubblätter zuerst angelegt werden, wie wir oben sahen. Die Doppelorgane des Cyathiums von *Euphorbia* entsprechen also in ihrem Baue auffallend den gewöhnlichen Deckblättern mit ihren Achselknospen; man findet genau denselben Unterschied in der Histologie zwischen ihren zwei Theilen, wie sonst zwischen Deckblatt und Blüthenknospe.

Es wäre nun allerdings wohl möglich, dass wir anderswo bei Blüthen Doppelblätter finden können, denen der Hypericineen etc. ähnlich, welche in ihrem Baue denselben Gegensatz zwischen oberem und unterem Theile zeigen werden, wie diese bei *Euphorbia* vorkommenden Deckblatt- und Staubträgeranlagen. Mir sind aber bisher keine bekannt geworden, und weder bei denjenigen Hypericineen (*Hyp. hircinum*), die ich untersucht habe, noch bei denjenigen *Primulaceen*, welche Pfeffer betrachtet hat[1]), kommt ein solcher Bau vor. Wenn *Ricinus* ausgenommen wird, dessen Staubblätter in ihrer Mitte[2]) ziemlich deutliche Zellenreihen besitzen, ist mir keine Staubblattanlage bekannt, die der von *Euphorbia* ähnlich sieht.

Also auch wenn wir die histologischen Verhältniste in Betracht nehmen, spricht alles für die Knospennatur der *Euphorbia*-Staubträgeranlagen.

4. Gehen wir von der ursprünglichen Staubträgeranlage zu der nachfolgenden ganzen Gruppe über, und untersuchen wir dann, wer die besten Analogien findet, die Blüthenstandsanhänger oder die Gegner.

---

1) Pringsheims Jahrbücher VIII, Tab. XIX, Fig. 4—5; Tab. XX, Fig. 1—4; Tab. XXII, Fig. 3.

2) Abbildungen von den Staubträgern dieser Pflanze und deren ächt dichotomischer Verzweigung findet sich: Videnskab. Selskabs Skrifter, meine Taf. XI, Fig. 32—34.

Hieronymus sagt (l. c. S. 173): »Warming vergleicht ferner die Wickeln von Antherenträgern bei *Euphorbia* mit den sympodialen Verzweigungen in der Blüthenregion der *Borragineen* und *Solaneen*, sowie den wohl mit Unrecht für Wickeln erklärten Blattachselproducten von *Aristolochia*. Derselbe hätte wohl bessere Vergleichsobjecte in den mannigfaltig verzweigten Staubblattbildungen, wie sie ausser bei den genannten *Hypericineen* auch bei *Tiliaceen*, *Malvaceen* u. a. vorkommen, sowie in der Euphorbienblüthe selbst in den verzweigten trichomartigen Schuppenbildungen finden können.« Diese und seine anderen Bemerkungen über die Natur der Staubträgergruppen verdienen eine kurze Betrachtung.

Ich habe in meiner Dissertation gezeigt, dass die Staubträger innerhalb jeder Gruppe in einer Zickzackreihe in centrifugaler (absteigender) Entwickelungsfolge entstehen; dass die Stellungsverhältnisse des zweiten und aller folgenden Staubträger zu dem ersten Staubträger in allen 5 Gruppen eines gegebenen Cyathium die nämlichen sind, dass diese Stellungsverhältnisse in genauester Beziehung zur Spirale des Cyathiums stehen und von diesem abhängig sind.

Die Staubträgergruppen können nun auf verschiedene Art aufgefasst werden.

Die erste ist die, dass die Staubträger alle Schwestergebilde sind, und alle auf einem gemeinsamen Boden, der Axe des Cyathiums, wie die Staubträger einer polyandrischen Blüthe befestigt stehen. Es entsteht dann die Frage, wie wir denn das Factum auffassen müssen, dass sie in Gruppen stehen, und dass diese Gruppen gerade in einem so bestimmten Verhältnisse zur Spirale stehen, wie es der Fall ist. Sehen wir uns nach Analogien um, entdecken wir, wo wir sonst Staubblättergruppen finden, wie bei *Tiliaceen, Malvaceen, Hypericineen, Dilleniaceen, Loasaceen, Myrtaceen* etc., die sogenannten zusammengesetzten Staubblätter, bei denen eine wirkliche Verzweigung statt findet, indem sich erst ein grosses gemeinsames Podium bildet, auf dem die einzelnen Staubträger dann entstehen. Aehnliches ist aber nicht der Fall bei *Euphorbia,* und ausserdem weicht das Stellungsverhältniss der Staubträger dieser Pflanze auch ganz und gar von dem bei jenen bekannten ab.

Erstens fehlen uns also die Analogien, wenn wir von der Voraussetzung ausgehen wollen, dass alle Staubträger selbständige Schwestergebilde und zwar Blätter sind; zweitens spricht dagegen auch, dass die Staubträger jeder Gruppe ganz bestimmt in genetischer Beziehung zu einander stehen. Sie sind alle mehr oder weniger am Grunde vereinigt; doch dies könnte ein sekundäres Phänomen sein, durch eine passive Hebung des zwischen ihnen liegenden Meristems hervorgerufen. Es ist nun allerdings sehr schwierig den histologischen Beweis zu liefern, dass wirklich der eine Staubträger in dem Gewebe des anderen angelegt wird, wenigstens bei den Arten, welche mir zu Gebote gestanden haben. Nur für den zweiten jeder Gruppe habe ich es mit Deutlichkeit sehen können; da ist mir kein Zweifel übrig geblieben, dass dieser innerhalb dem ersten, und zwar in der zweiten bis dritten Periblemschicht desselben angelegt wird, aber so nahe an seinem Grunde, dass er zugleich auf dem Boden des Cyathiums fusst[1]). Es ist mir aber nicht möglich gewesen, die Verzweigung für die folgenden Staubträger histologisch so deutlich zu sehen, wie erwünscht, und wie es die blosse äussere Betrachtung doch zu geben scheint. Obgleich auch Hieronymus, in Uebereinstimmung mit meinen Angaben in meiner Dissertation, erklärt, dass »wenigstens der grössere Theil des Bildungsgewebes jedes folgenden Antherenträgers bei *Euphorbia* aus der Basis der vorhergegangenen genommen wird,« kann ich doch nicht umhin, diejenigen, welche Gelegenheit haben, Arten wie die von Baillon[2]) abgebildete *E. Jacquiniiflora* lebend zu untersuchen, dazu aufzufordern, uns eine Entwickelungsgeschichte des Cyathiums mit besonderer Rücksicht auf die der Staubträgergruppen zu liefern.

Ich gehe jetzt also von der Voraussetzung aus, dass die Staubträger jeder Gruppe wirklich eine kleine selbstständige Verzweigung bilden. Es fragt sich dann ob diese eine monopodiale oder sympodiale sein muss.

Hieronymus zeigt erst auf die Staubblätter der *Hypericineen*, *Tiliaceen* etc. hin (vgl. das oben angeführte Citat), und ist der Meinung, ich hätte hier bessere Vergleichsobjecte gefunden als in den Wickeln der *Borragineen* und *Solaneen*. Es kann doch wohl nicht Ernst mit dieser Hinweisung sein, wenn er bedenkt, dass die Entwickelung der

---

1) Cfr. meine Fig. 17 und 25, Tab. IX, Videnskab. Selsk. Skrifter. X. Bd., 1872.

2) Etude générale du groupe des Euphorbiacées, Pl. I, Fig. 17.

Cyathium-Staubträgergruppen ganz anders von Statten geht als die bei jenen vorgefundenen Verzweigungen; denn dort bildet sich, wie schon bemerkt, ein gemeinsamer grosser Fuss aller Staubträger aus, auf dem sie dann als viel kleinere Höcker entstehen; hier bei *Euphorbia* ist es nicht der Fall. Dort entstehen die Staubträger zwar basipetal, aber theils auf dem Rücken dieses Podium, theils auf den Rändern derselben und sie stehen dann nicht in Zickzackreihe wie bei *Euphorbia*, sondern einander gegenüber wie die Fiederblätter eines gewöhnlichen zusammengesetzten Blattes. Man vergleiche die Abbildungen bei Payer[1]), bei Sachs[2]) und mir selbst[3]). Nur bei den Malvaceen könnte es nach den Zeichnungen Payers bisweilen scheinen, als ob die Antheren auf dem gemeinsamen grossen Fusse in einer Zickzackreihe gebildet werden[4]), während dies in anderen Fällen nicht so aussieht; gerade hier dürften aber erneuerte Untersuchungen nöthig sein, denn nach Hofmeister[5]) sind die Antheren nicht, wie Payer angiebt, den Petalen opponirt, sondern alterniren mit ihnen, und in dem Falle, dass dem so ist, dürfte die Zickzackstellung eine scheinbare werden, und die seitlichen Antheren jedes Staubblattet würden einander gegenüber stehen.

Eine Vergleichung zwischen *Euphorbia* und den von Hieronymus empfohlenen *Hypericineen* etc. lässt uns also solche Ungleichheiten entdecken, dass von Homologien doch wohl keine Rede sein kann[6]). Es scheint aber auch nicht die feste Meinung von Hieronymus zu sein, dass die Staubträgergruppen eine monopodiale Verzweigung bilden; denn erstens verweist auch er[7]) auf die Uebereinstimmung mit

---

1) Organogénie compareé, Pl. I, 4—6, 24 (Hypericineae); Pl. 4, Fig. 14—19, Pl. 5, Fig. 7—9 *(Tilaceae)*; Pl. 51, Fig. 3—6, 18—20 *(Dilleniaceae)*; Pl. 80, Fig. 2—6 *(Mesembryanthemum)*; Pl. 84, Fig. 3—8 *(Loasaceae)*.

2) Lehrb., II. Aufl., 1870, S. 447, Fig. 336, *Hypericum perforatum*.

3) Danske Videnskab. Selsk. Skr., X. Bd., 1872, Tab. XI, Fig. 20—23, *Hypericum hircinum*.

4) Man betrachte z. B. Pl. 6, Fig. 1—3; Pl. 7, Fig. 3—7.

5) Allgemeine Morphologie, S. 505.

6) Auch der Zeitunterschied, welcher sich zwischen den auf einander folgenden Gliedern jeder Gruppe vorfindet, spricht nicht für die monopodiale Natur der Verzweigung.

7) L. c. S. 173.

den »verzweigten trichomartigen Schuppenbildungen«, die er in dem Euphorbien-Cyathium gefunden hat, und die er als wickelartig verzweigte Nebenblätter aufgefasst; zweitens heisst es, l. c. S. 203: »Man wird daher jedenfalls annehmen können, dass die hier beschriebene (s: Missbildung) darauf hindeutet, dass die Gruppen von Antherenträgern bei *Euphorbia* in der That als verzweigte Blattbildungen als sogenannte zusammengesetzte Staubblätter, wie die der *Hypericineen* u. s. w. aufzufassen sind. Jedenfalls kann von einer staubentwickelnden Achse nicht die Rede sein. Da sich bei *Amorphophallus bulbosus* u. a. (vergl. Sachs's Lehrb. p. 160) verzweigte Blätter finden, deren Seitenverzweigungen nach Art einer Schraubel sich sympodial entwickeln, so wird man, zumal es feststeht, dass wenigstens der grössere Theil des Bildungsgewebes jedes folgenden Antherenträgers bei *Euphorbia* aus der Basis der vorhergegangenen genommen wird, die Gruppe von Antherenträgern als eine Blattwickelbildung auffassen können.«

Er sucht also nach auf analoge Art sympodial-verzweigten Blättern, und findet dann, dass weil *Amorphophallus* schraubelförmig verzweigte Blätter hat, *Euphorbia* wickelförmig verzweigte haben müsse. Das tertium comparationis soll wohl darin liegen, dass sie alle beide sympodial verzweigte Blätter haben; aber eben hieraus geht deutlich hervor, dass er ein Blatt, dessen Verzweigungsart ganz denen der Staubträgergruppen von *Euphorbia* entspricht, nicht hat finden können. Nun kann ich aber auch nicht umhin zu bemerken, dass die Verzweigung des Blattes von *Amorphophallus* meiner Auffassung nach bei weitem nicht mit einer Schraubel verglichen werden muss, weil wir von der bei den schraubelförmigen Blüthenständen vorkommenden Formen nicht wegsehen dürfen; das Blatt von Amorphophallus darf vielmehr mit dem sogenannten sichelförmigen Blüthenstand parallel gestellt werden.

Die Schuppen des Cyathiums, scheint es mir am zweckmässigsten, nicht in Betracht zu ziehen, weil diese Gebilde doch immerhin von sehr zweifelhafter Natur sein müssen; jedenfalls wage ich nicht, mich der Meinung Hieronymus's anzuschliessen, und ich muss bekennen, dass ich sehr wenig geneigt bin, eine wirklich wickelähnliche Verzweigung bei derselben anzunehmen.

Suchen wir also unter den Blättern nach Verzweigungsformen, (oder, wie wir oben sahen, sogar nur Gruppirungen unverzweigter Blätter), welche mit der in den Euphorbiastaubträgern herrschende völlig übereinstimmen, so finden wir keine; wenden wir uns denn den Kaulomen zu.

Ich hatte in meiner Dissertation die Meinung Wydlers aufgenommen, dass jede Staubträgergruppe im Cyathium einen Wickel bildet; es war mir allerdings eingefallen, was jetzt Hieronymus gegen diese Deutung ganz richtig bemerkt (l. c. S. 187), dass die männlichen Blüthen (Staubträger) alle dieselbe Lage zur Hauptachse und zum Cyathium-Deckblatte haben, und dass diese Wickel denn auch grade in der Mediane der Blattachsel fallen. Aber es fehlten mir bessere Vergleichsobjecte und ich musste mich denn zum Wickel halten, dessen Entwickelungsgeschichte und Stellung der verschiedenen Achsen zu einander in der That sonst auch sehr genau mit der von jenen Gruppen übereinstimmt. Ich glaube aber jetzt, dass ich mich vielmehr der Roeperschen Deutung nähern, und statt einer »cyma scorpioidea« eine »cyma serialis« annehmen muss.

Ich hatte schon in meiner Dissertation auf die vollkommene Uebereinstimmung zwischen den Staubträgergruppen von *Euphorbia* und den »accessorischen« Knospen von *Aristolochia Clematitis* verwiesen, welche ich damals in Uebereinstimmung mit Döll und Wydler zu den Wickeln hinzog. Ich muss jetzt zu dieser Uebereinstimmung zurückkommen, obgleich ich jene Knospen, von den echten Wickeln trenne; denn wir finden in der That hier dieselbe Zickzackstellung der Knospen, denselben absteigenden Entwickelungsgang, dieselbe Stellung der ganzen Gruppe in der Mediane des Blattes und endlich dieselbe Reduction der die Knospen verbindenden Achse[1]), wie bei *Euphorbia* vor.

Ansammlungen von Knospen in den Blattachseln, welche mit diesen bei *Aristolochia Clematitis* in Stellung und übrigen Verhältnissen übereinstimmen, scheinen nun sehr häufig vorzukommen. Ich bedaure sehr, das ich bisher keine Gelegenheit fand sie einem speciel-

1) Vergl. Bravais, Ann. d. sc. nat., sér. II, t. 7. S. 344—45; Wydler, Bot. Ztg. 1843; Flora 1851, S. 440; 1857, No. 18; Cauvet, Bull. Soc. bot. de France, 1864, XI, S. 253; Warming, Videnskabelige Meddelelser fra d. naturh. Forening, 1871, S. 88, Fig. 16—17, og Videnskab. Selsk. Skrifter, 1872, Bd. X, S. 128, Fig. XIV og XV.

leren Studium zu unterwerfen, muss daher auf die Literatur hinweisen und mich dadurch den leicht aus Mangel an Autopsie fliessenden Irrthümern aussetzen. Solche Knospen scheinen bei vielen *Papilionaceen* vorzukommen[1]; ferner bei *Gentiana lutea*[2], bei *Thalictrum aquilegifolium*[3], bei *Lythrum Salicaria*[4], bei *Chenopodium murale, Cardiospermum Halicacabum, Carex muricata, Menispermum Canadense, Galium Mollugo, Ballota nigra, Cuscuta, Cladium* etc. etc.[5].

Ueber diese also sehr häufigen Knospen sagt Wydler[6]: »Die Anordnung der accessorischen Zweige ist so weit wie bekannt stets eine seriale; der eine entspringt aus der Basis des anderen aus ziemlich sich entsprechenden Punkten. Die Gradreihigkeit derselben dauert aber nur einige Zeit. Mit der successiven Entfaltung der accessorischen Zweige verändern sie meist ihre ursprüngliche Lage, sie werfen sich alternative nach Rechts und Links. . . . Dieses Hin- und Herwenden der von einander abstammenden accessorischen Zweige steht in genauester Beziehung zu der Wendung ihrer Blattspirale.« Dieselbe Beobachtung findet sich an vielen anderen Stellen von Wydler erwähnt.

Zwei Dinge haben wir hier zu beachten; erstens, dass die accessorischen Zweige nach Wydler immer ursprünglich in einer Reihe gestellt sind; denn wenn dies der Fall sein sollte, wird allerdings die Uebereinstimmung mit *Euphorbia* verringert. Obgleich ich nicht viele Beobachtungen habe anstellen können, glaube ich doch nach dem wenigen, was ich an *Aristolochia Clematitis, Gleditschia triacantha* und *Medicago* gesehen habe, behaupten zu können, dass die Zickzackstellung in vielen Fällen, ganz wie bei *Euphorbia*, ursprünglich ist.

1) Wydler, Flora, 1860, S. 21; Bravais, Annales d. sc. nat., 1837, Sér. II, tome 7, S. 343; Oersted, Videnskabelige Meddelelser fra den naturhistoriske Forening i Kjöbenhavn, 1865, S. 246 (bei *Gleditschia*) und mündlich.

2) Bravais, Ann. d. sc., sér. II, t. 7, S. 345, Fig. 39; Wydler, Flora 1860, S. 644.

3) Bravais, l. c. S. 345; Wydler, Flora 1857, S. 278.

4) Bravais l. c., Wydler, Flora 1857, S. 239.

5) Vergl. Warming in Videnskab. Selsk. Skrifter, Bd. X, S. 129, wo mehrere Citate etc. sich finden, und dann namentlich Wydler: »Accessorische Zweige«, in Bot. Ztg. 1843, No. 14, S. 228.

6) Bot. Ztg. 1843, S. 226.

Zweitens muss hervorgehoben werden, dass die accessorischen Knospen, seiner Auffassung nach, von einander abstammen, indem die eine aus dem Grunde der anderen entspringt. Dieselbe Auffassung finden wir z. B. bei den Gebrüdern Bravais, die den Namen »cyma serialis« für diese eigenthümlichen Blüthenstände schufen [1]), und bei Mohl [2]).

Bei Betrachtung einiger »accessorischen« Knospen, welche wirklich ursprünglich in einer senkreckten Reihe stehen, aber zugleich auch immer so verharren, bin ich zu demselben Resultate gekommen, dass sie eigentlich eine Form von Blüthenstand bilden. So ist es ausserordentlich deutlich, dass die sogenannten »serialen accessorischen« Blüthen-Knospen bei *Verbascum* die eine aus der anderen entspringen, und wohl also eine Art »Sichel« bilden [3]). Ebenso ist die von Rohrbach (»Beiträge zur Kenntniss einiger Hydrocharideen«, in Abhandl. Naturf. Gesellsch. Halle, XII, 1871, S. 60) bei *Cyclanthera* erwähnte »accessorische« Knospe, die eine kleine Traube entwickelt, eine Knospe, welche sehr deutlich aus dem Stiele der Hauptblüthe ihren Ursprung nimmt [4]).

Während also die Blüthenstandsnatur der sogenannten »accessorischen« Knospen in einigen Fällen nicht zu bestreiten ist, wird sie

---

1) Ann. d. sc. nat., Sér. II, t. 7, S. 347: »Le gemme accessoire né entre un rameau et sa feuille-mère provient de ce rameau de la même manière que celui-ci provient de la tige centrale . . . . . Les autres gemmes accessoires inférieures proviennent de même les uns des autres.«

2) In der Botan. Ztg. 1844, S. 6 sagt er z. B. von *Cuscuta*: »In der Achsel des am Stamme stehenden Deckblattes entspringt ein Blüthenstiel, dessen Blüthe in ihrer Entwickelung den übrigen, derselben Inflorescenz angehörigen vorausgeht; zwischen diesem Blüthenstiele und dem Deckblatte folgen noch mehrere (etwa 3—4) in einer nach dem Deckblatte zu gerichteten Reihe stehende Blüthenstiele, von welchen abwechselnd der eine etwas nach rechts, der andere etwas nach links abgebogen ist . . . . . Die Anordnung der Blüthenstiele ist also dieselbe, wie z. B. bei *Aristolochia Clematitis* und sie stellen die Form der Inflorescenz dar, welche die Gebrüder Bravais cime sériale nannten.«

3) Vergl. meine Abbild. in »Det danske Videnskab. Selsk. Skrifter«, X. Bd., 1872, Tab. XI, Fig. 11—13.

4) Vergl. Warming, Danske Vidensk. Selsk. Skrifter, l. c., Tab. V, Fig. 27.

in anderen Fällen so undeutlich, dass man fast an eine Bildung von wirklichen Schwesterknospen glauben muss; so z. B. bei *Aristolochia Sipho*[1]). Jedoch muss ich hier bemerken, dass die Thäler zwischen den Knospen über dem Niveau des Zweiges liegen, und das sich wie eine grosse plastische Zellgewebsmasse in der Achsel eingesenkt vorfindet, in der die Knospen entstehen; es ist fast, als ob die »seriale cyma« von *Verbascum* nur in den Zweig etwas eingesenkt worden war. Ich muss übrigens gestehen, dass ich kein Bedenken hege, auch das Vorkommen von Verzweigungen anzunehmen, bei welchen die Zweige grösstentheils von dem in seinem mütterlichen Gewebe eingesenkten Theile einer anderen Zweig- oder Blatt-Anlage ausgehen; sind ja doch die meisten Blatt-Verdoppelungen als solche Verzweigungen zu betrachten.

Auf dieselbe Weise geht es nun auch mit denjenigen »serialen Cymen«, die von einer Zickzackreihe von Knospen gebildet sind; in einigen Fällen bilden sie also nach den genannten Forschern wirkliche Verzweigungen (und hierher muss ich die Knospen bei *Aristolochia Clematitis* rechnen), und da es fast immer Blüthenknospen sind, die so geordnet sind, kann man sie also Inflorescenzen nennen; in anderen Fällen ist dies aber vielleicht nicht der Fall, und wir haben, wie sicherlich bei *Gleditschia*, echte Schwesterknospen vor uns.

Diese ganze unklare und zweideutige Natur der »cymae seriales« passt nun aber ganz vorzüglich auf die Staubträgergruppen von *Euphorbia*, und kann gerade auch als eine Bestätigung derjenigen Auffassung dienen, welche jeden Staubträger als ein Kaulom betrachtet. Der Unterschied zwischen den »cymae scorpioideae« und den »cymae seriales« ist übrigens ziemlich gering, was einleuchten wird, wenn man erwägt, dass sie nicht nur in der Zickzackstellung der Glieder übereinstimmen, sondern auch darin, dass zwei aufeinander folgende Glieder typisch antidrom (vergl. Wydler an vielen Stellen, und meine Abbildungen von *Aristolochia*), und selbstverständlich die Glieder der einen Reihe mit denen der anderen antidrom sind; der einzige Unterschied ist gerade nur die Stellung in Bezug auf Deckblatt und Mutterachse. Wenn wir genaue Untersuchungen, über die sehr verbreiteten

---

1) Vergl. Fig. 14—16, Tab. XI, in meiner cit. Abhandlung: »Forgreningsforhold hos Fanerogamerne«.

»cymae seriales« hätten, würde die Natur der *Euphorbia*-Staubträgergruppen sicherlich weit klarer stehen.

Einerseits haben wir also, wenn wir unter den Phyllomen suchten, keine Bildungen entdecken können, die sich mit den Staubträgergruppen bei *Euphorbia* vergleichen liessen, und das sowohl in dem Falle, wo wir diese als verzweigte Phyllome auffassten, als in dem entgegengesetzten. Andererseits haben wir unter den Kaulomen zahlreiche Analogien gefunden, und namentlich bieten die sogenannten »cymae seriales« so deutliche Uebereinstimmungen mit jenen, dass wir getrost auf die Homologie der beiden Bildungen schliessen dürfen, besonders wenn wir dazu noch auf die drei oben erst abgehandelten Punkte Rücksicht nehmen.

Es dürfen aber auch andere Umstände Erwägung finden, und die werden alle mehr oder minder deutlich für die Blüthenstandsnatur sprechen.

5. So hat Wydler z. B. auf die Bewegungen der weiblichen Blüthe aufmerksam gemacht, und hervorgehoben, dass wir zwar ganze Blüthen kennen, welche die gleichen Bewegungen ausführen, wie jene; dass kein Staubweg einer einfachen Blüthe aber bekannt ist, welcher sich innerhalb seiner Blüthendecke auf die nämliche Weise beträgt.

6. Dann haben wir das Urtheil der Missbildungen; allerdings bieten diese ein Feld, das ich nur mit grösster Behutsamkeit zu betreten wage, und wie zweideutig ihre Resultate oft sind, sehen wir gerade hier bei *Euphorbia*, wo der Eine dasselbe als für die Blüthentheorie beweisend betrachtet, was der Andere zu Gunsten des Blüthenstandes ins Feuer führt. Jedoch scheint es mir, dass die von Schmitz beobachteten interessanten Missbildungen, welche er auf Fig. 3—5, 12—13, Taf. IV, »Flora 1872, abgebildet hat, entschieden nur für den Blüthenstand und für die Kaulomnatur der Staubträger sprechen.

7. Endlich sind noch übrig zu betrachten diejenigen Resultate, welche aus der Vergleichung *Euphorbias* mit den anderen Euphorbiaceen hervorgehen, und diesen muss ich die grösste Bedeutung zuschreiben. Hervorzuheben ist hier, dass *Euphorbia* sich im Einklange mit der ganzen Familie finden wird, wenn wir das Cyathium als eine aus monoecischen Blüthen aufgebaute Infloreseenz betrachten, und dass gerade eine solche oft anzutreffen ist, bei welcher eine weibliche Blüthe

das Centrum einnimmt, während die männlichen die Peripherie behaupten und zwar oft in cymösen Inflorescenzen geordnet sind.

Hieronymus hat (l. c. S. 187) eine Unübereinstimmung zwischen *Euphorbia* einerseits und *Anthostema* und *Calycopeplus* andererseits hervorgehoben, was nämlich die männlichen Inflorescenzen betrifft; wie es sich damit verhält, müssen wir am besten einstweilen dahin stehen lassen, bis die beiden letzten Gattungen genauer bekannt geworden sind. Wenn er auch (l. c. S. 205) auf die Verschiedenheiten in der relativen Entwickelungszeit der männlichen und weiblichen Blüthen bei den verschiedenen Gattungen und des Kelches der weiblichen Blüthe hinzeigt, so kann ich diesem letzten Punkte keine so grosse Bedeutung zuschreiben; es zeigen sich ja doch oft bedeutende Differenzen in der Folge homologer Organe bei nahe verwandten Gattungen, und Hieronymus nimmt ja auch keinen Anstand, die Blumenblätter bei den verschiedenen Arten der Hypericineen homolog zu setzen, obgleich sie bei einigen nach, bei anderen vor den Staubblättern angelegt werden. Es scheint mir nun aber, dass wir hier dem Worte des Mannes grosses Gewicht zulegen müssen, der sich wohl fast bis zehn Jahre dem Studium der Systematik der Euphorbiaceen gewidmet hat, und Müller spricht sich über die Frage so aus: »Zieht man noch das zwischen beiden (*Euphorbia* und *Anthosthema)* die Mitte haltende neuholländische Genus *Calycopeplus* in Betracht, so geht daraus, ohne dass ich hier die Sache noch weiter ausführe, geradezu die Nothwendigkeit hervor, die articulirten Stamina der Cyathien für monandrische, durch Unterdrückung des Kelches nackte Blüthen zu halten«. (»Flora«, 1872, No. 5.)

Dem Worte Hieronymus: »ich muss bekennen, dass ich jede einfachere Erklärung vorziehe« stimme ich völlig bei. Was ist aber das Einfachste: eine Blüthe, deren 5 Blätter in zwei Theile getheilt sind dergestalt, dass ein »nach unten gerichteter Blattstrahl« als Perigonblatt fungirt, welches sich mit seinen Nachbarn zu einem gamophyllen Kelch verbindet, während der nach oben gerichtete Theil des Blattes frei bleibt, als Staubblatt fungirt und sich wickelförmig verzweigt, und welche fünf Blätter endlich jedes mit zwei ebenso wickelförmig verzweigten Nebenblättern versehen sind, — oder ein Blüthenstand aus fünf verwachsenen Deckblättern gebildet, mit einer männlichen »cyma serialis« in jeder Blattachsel, deren einzelne Blüthen nackt und einmännig sind, und mit verzweigten Trichomen zwischen den fünf cymae?

Mir scheint das Letzte das Einfachste, und zugleich bei *Euphorbia* das Natürlichste und einzig Richtige, wenn wir in Betracht ziehen, dass sowohl die Organogenese, als die Stellungsverhältnisse und die Histologie und die Teratologie und endlich die Komparation der verwandten Gattungen, alles zusammen für den Blüthenstand ihre Stimmen abgeben. —

Selbst wenn es aber somit entschieden wird, dass das Cyathium als Inflorescenz und jeder Staubträger als Kaulom, als männliche Blüthe, aufzufassen ist, ist aber die Frage noch nicht gelöst, ob die Bildung des Pollens wirklich diesen Kaulomen anvertraut ist, oder ob es ein oder mehrere Phyllome sind, die, wie gewöhnlich, diese Arbeit übernommen haben.

Die erste Supposition, die wir zu betrachten haben, ist die von Roeper zuerst angedeutete, später von Sachs[1]), Celakowsky[2]) und Strasburger[3]) aufgenommene, die nämlich, dass die Anthere aus sehr rudimentären um eine verschwindend kleine Achse verwachsenen Staubblättern gebildet ist.

Ich muss hier auf meine so eben publicirten Untersuchungen über die Pollenbildung bei *Euphorbia* verweisen[4]). Ich habe dort nämlich gezeigt, dass, nachdem die männliche Blüthe gebildet worden und ein wenig in die Höhe gewachsen ist, finden einige Zellentheilungen im Perībleme unterhalb der ersten Schicht Statt, besonders in transversaler Richtung, durch welche die Anthere sich herauszuarbeiten anfängt; diese Zelltheilungen sind aber ziemlich unbedeutend und ganz und gar mit denen bei gewöhnlichen Staubblättern vor und während der Anlegung der Pollen-Mutterzellen statthabenden zu vergleichen. Ebenso ist es auch, wie bei diesen, die in der ersten Periblemschicht stattfindenden Zellenthei-

1) Lehrbuch, 2. Aufl., 1870, S. 402.

2) Flora, 1872, No. 10.

3) Coniferen und Gnetaceen, 1872, S. 438—39.

4) »Forgreningsforhold etc.«, Det danske Videnskabernes Selskabs Skrifter, X. Bd., 1872, S. 116—118, Fig. 13—26, Tab. IX.

lungen, welche die Bildung des Pollens und der Antherenwand beabsichtigen, und welchen die Anthere ihre eigentliche Volumen-Zunahme und endliche Form zu verdanken hat. Was diese letzten Zellentheilungen betrifft, gehen sie vollständig nach der Regel vor, die wir im Vorhergehenden kennen gelernt haben, was meine a. a. O. publicirten Zeichnungen genügend darthun werden: die ersten in den Zellen der ersten Periblemschicht auftretenden Tangentialwände bilden die Scheide zwischen der Schicht der Pollen-Urmutterzellen und der Antherenwand; in jenen findet eine schwache Würfeltheilung Statt, und es bildet sich somit schliesslich eine doppelte Schicht von Pollen-Mutterzellen; die äusseren der primären Tochterzellen theilen sich durch Würfeltheilung in centrifugaler Folge, und die Wand besteht, wenn alle ihre Zellen angelegt sind, ausser der Epidermis, noch, wo sie am mächtigsten entwickelt ist, aus c. 4 Zellen-Schichten, von denen die den Pollen-Mutterzellen angrenzende die Natur der tapezierenden Schicht annimmt und mit den beiden nach aussen folgenden aufgelöst wird; nur die äusserste, der Epidermis angrenzende, wird erhalten und als Spiralfaserschicht ausgebildet. Es ist mir nicht immer leicht gewesen diese Entwickelungsgeschichte genau nachweisen zu können, und ich gestehe, dass ich oft in Zweifel gewesen bin, ob nicht hier und da das innere Periblem an der Pollen-Bildung Theil nähme; in den meisten Fällen habe ich jedoch deutliche Bilder erhalten, den typischen regelmässigen Bildungsgang zeigend.

Die Hauptsache hier ist also die: dass jede Staubträgeranlage, welche ich also als ein Kaulom betrachten muss, sich ganz wie ein gemeines Staubblatt verhält; dass die Form der Anthere im wesentlichsten Grade durch die in der ersten Periblemschicht stattfindenden Zellentheilungen hervorgerufen wird, welche Zellentheilungen aber von den in gewöhnlichen Blättern bei Anlegung der Pollen- und Wandzellen nicht abweichen; will man nun à tout prix eine rudimentäre Blattbildung in den innerhalb dieser ersten Periblemschicht auftretenden Zellentheilungen entdecken, dann wird man eben so gut bei einem gewöhnlichen Staubblatte bei Bildung der Antherenfächer von einer Verzweigung sprechen können; und wer wird mir denn eigentlich sagen können, ob wir hier in der That nicht eine rudimentäre Kaulom-Bildung haben, und jede männliche Blüthe somit ein verzweigtes

Kaulom darstellt? Wer getraut sich hier Kaulom- und Phyllomanlage zu unterscheiden?

Strasburger sagt [1]), dass die entwickelungsgeschichtliche Schilderung, welche ich von der Euphorbia-Anthere gegeben habe, sich im Wesentlichen nicht von denen unterscheidet, die er selbst von der männlichen *Ephedra*-Blüthe gegeben hat. Im Aeusseren scheint allerdings grosse Aehnlichkeit zu herrschen, besonders wenn man die von Strasburger hervorgehobene *Ephedra altissima* in Betracht nimmt (seine Taf. XV, Fig. 35—38). Seine Schilderung der Entstehung der Staubträger, die ja also mit den Antherenhälften von *Euphorbia* verglichen werden sollten, scheint mir, so viel ich sehen kann, doch bedeutende innere Differenzen hervorzuheben: »Die Antherenhöcker, heisst es S. 134, werden durch tangentiale Dermatogentheilungen aufgebaut. Jeder Höcker besteht in Folge dessen aus radial angeordneten Zellreihen, die sich fast continuirlich, von seiner Basis bis zu seiner Oberfläche, verfolgen lassen. Die äusserste Zellschicht grenzt sich als Epidermis ab, dann zeigt jeder Höcker eine leichte Einbuchtung quer über seinem Scheitel: es ist dies die erste Andeutung einer Theilung in die beiden Fächer; dieselbe macht sich auch bald im Inneren geltend, in der Anordnung der Zellen zu einer mittleren Scheidewand.« Die fernere Schilderung des Baues dieser Antheren wird demnächst gegeben.

Es scheinen mir die Differenzen zwischen der Bildung dieser Antherenhöcker, welche wohl unzweifelhafte selbständige Blätter sind, trotzdem dass sie Dermatogenbildungen sind, und der Bildung der Antherenfächer bei *Euphorbia* so gross, dass diese Organe kaum zu vergleichen sind, und ich vermag noch nicht in der *Ephedra*-Blüthe ein Homologon für die *Euphorbia*-Blüthe zu sehen.

Die zweite Supposition ist die von Joh. Müller [2]), Hieronymus [3]) und theilweise auch von Strasburger behauptete, dass die Anthere mit dem Theile des Filamentum, welches oberhalb der Articulation liegt, ein Phyllom bildet, das in Bezug auf seine Achse, den unterhalb der Articulation liegenden Theil des Filamentum,

---

1) L. c. S. 438.

2) Flora, No. 5, 11. Febr. 1872.

3) Bot. Ztg., 15. März 1872.

terminal ist. Es sollten also terminale Blätter in der Natur vorkommen.

Müller stützt diese Ansicht auf das Vorkommen eines centralen Stamens in einigen, übrigens mit 10 oder 15 in 2 oder 3 Quirle gestellten Stamina ausgestatteten, *Croton*-Arten, und auf das Vorkommen von einem seitlichen Stamen in den normal mit einem centralen Staubträger ausgestatteten Euphorbiaceen-Gattungen *Algernonia* und *Ophthalmoblapton* und schliesst dann, dass die centralen den peripherischen morphologisch gleichwerthig sind, weil sie alle unter sich ganz gleich aussehen, dass sie also alle Phyllome sind. Dasselbe schliesst er auch aus den bei *Actinostemon* beobachteten Reductionen.

Ich werde nun hierzu erstens bemerken, dass ich keine Hindernisse sehe, warum die Kaulome nicht auch die Function übernehmen könnten, Pollen zuzubereiten, — nehmen Kaulome und Phyllome ja doch sonst an verschiedenen Arbeiten in der Haushaltung der Pflanze gemeinsamen Antheil. Und sehen wir denn nicht immer, dass dieselbe Function den verschiedenen Arbeitern ein der Arbeit entsprechendes gemeinsames oder doch ähnliches Aeusseres giebt? Ich finde es daher ganz natürlich, dass staubentwickelnde Phyllome und Kaulome ein gleiches Aeusseres annehmen oder annehmen können, und ich glaube daher nicht den scharfsinnigen Zusammenstellungen und Beobachtungen Müllers die Beweiskraft zuschreiben zu können, die er ihnen verleiht.

Hieronymus und Strasburger (der sich jenem principiell anschliesst, ob er zwar nicht in diesem speciellen Falle (*Euphorbia*) dieselbe Deutung des bestrittenen Objects annimmt) gehen dagegen von anderen Beobachtungen aus.

Wenn Strasburger (l. c. S. 430) sagt: »Dass die Grundorgane sich aus gemeinsamer Quelle entwickelt haben müssen, ist zwar sicher, doch einmal differencirt, hat sich jedes derselben selbständig weiter verändert und seine specifisch erworbenen Eigenschaften direct vererbt. Jedes Grundorgan stellt somit bei den höheren Pflanzen eine Summe vererbter Eigenschaften vor und kann in Folge dessen nicht in ein anderes übergehen,« dürfte er hierin wohl zum Theil Recht haben. Einerseits aber kann man doch wohl nicht sagen, dass es zu den specifisch erworbenen Eigenschaften der Phyllome gehört, dass nur ihnen die Pollen-Bildung anvertraut sein kann; andererseits hiesse es aber grade die Grundorgane in einander übergehen lassen, wenn man von terminalen Antheren sprechen will, und damit wirklich die Meinung verbindet, dass solche Staubblätter auf dem eigentlichen Scheitel der Achse entstehen, von dem Vegetationspunkte dieser ihren Ursprung nehmen. Was Strasburger betrifft, so scheint er mir keine Objecte beobachtet zu haben, bei denen von solchen Antheren oder überhaupt von solchen Blättern die Rede sein kann.

Wenn er z. B. die Doppelnadeln bei *Sciadopitys* ins Feuer führt, so ist bei diesen ja doch keine Rede von vollkommen terminalen Blättern; alle beide sind laterale Bildungen, bei deren Entstehung die mütterliche Achse allerdings in ihrer normalen Weiterentwickelung gehemmt wird. Wenn er ferner *Pinus monophyllos* hervor zieht, dann ist auch bei dieser nur von einer pseudo-terminalen Stellung der Blätter die Rede, wenn wir uns an seine eigenen Worte halten (l. c. S. 389): »Dieses bestätigte sich nicht, vielmehr verhielten sich die einnadligen Sprosse ganz wie der grössere Theil der einnadligen auch bei *Pinus Pumilio* — sie besitzen wirklich nur eine einzige, einseitige Nadel an deren Basis der verschrumpfte Vegetationskegel des Kurztriebes häufig noch nachzuweisen war. Auf Querschnitten durch einen solchen Kurztrieb von *Pinus monophyllos* findet man zunächst einen geschlossenen Bündelkreis, der schwache Bündeln an die, wohl nach $^2/_5$ gestellten (bis 7) Niederblätter abgiebt. Höher hinauf öffnet sich der Bündelkreis einseitig und tritt als einfaches und einfach bleibendes Bündel in die, die Achse scheinbar unmittelbar fortsetzende Nadel. Ihr gegenüber sind Spuren des Vegetationskegels zu erkennen.«

Es ist also nur davon die Rede, dass ein Blatt durch seine Entwickelung den Vegetationskegel schief stellt und für immer oder zeitweilig unterdrückt; eine wirklich terminale Stellung der Blätter, so wie eine solche nach Hieronymus bei *Euphorbia* vorkommen soll, scheint er somit nicht beobachtet zu haben; denn dass es sich bei den auch von ihm erwähnten Coniferen nur um seitliche Bildungen handelt, scheint mir genügend hervorzugehen aus dem, was ich oben über *Ephedra* sagte, und daraus, dass diese Bildungen immer paarig sind, wie bei den Blättern der Doppeltnadel von *Sciadopitys*[1]).

---

1) Dass Blätter die Stengelspitze schief zu stellen vermögen, habe auch ich z. B. bei *Vitis vulpina* gesehen oder jedenfalls angedeutet gefunden (Vergl.:

Degegen scheint Hieronymus sowohl pseudoterminale Staubträger, welche die Stengelspitze schief gestellt hatten, als auch ächt terminale beobachtet zu haben, welchen interessanten Punkt er hoffentlich in seiner versprochenen Monographie der *Centrolepideen* umständlich erörtern wird. Die von ihm erwähnten Gattungen *Centrolepis* und *Alepyrum* so wie auch *Festuca Pseudo-Myurus* und die einmännigen Blüthen von *Festuca geniculata* haben nun allerdings nach seiner Darstellung ganz wie *Pinus monophyllos* pseudoterminale Antheren, indem die Stengelspitze zu existiren fortfährt, aber zur Seite gedrängt wird; nur bei der Gattung *Brizula*, die er leider all zu kurz bespricht, und *Zannichellia* scheint er Organe beobachtet zu haben, welche wirklich den ganzen Vegetationspunkt verbrauchen.

Sind den solche terminale Organe wirklich als Phyllome zu deuten? Führt die Beobachtung von pseudoterminalen Blättern, welche

---

Warming, »Forgreningsforhold hos Fanerogamerne« l. c. Tab. VI, Fig. 21 u. 23). Auch werde ich nicht umhin können hier auf das Verhältniss der Ranken der *Cucurbitaceen* hinzudeuten, welches Thema ich früher sowohl in »Videnskabelige Meddelelser fra den naturhist. Forening i Kjöbenhavn«, 1870, S. 458, als auch in »Det danske Vidensk. Selsk. Skrifter« l. c. S. 62 ff. besprochen und durch Abbildungen erläutert habe. Ich habe nämlich gefunden, dass die Anlage der Ranke bei *Cucurbita* und anderen mit mehreren Armen versehenen Gattungen deutlich von der Achselknospe geschieden und zwar ausserhalb der Blattachsel als eine extraaxilläre an die anodische Seite der Blattachsel gebundene Knospe entsteht; in ihrem ersten Stadium ist sie ein runder flacher Höcker; dann entsteht der Hauptarm der Ranke ganz wie sonst ein Blatt auf einer Stengelspitze, und die junge Ranke hat jetzt vollkommen das Aussehen wie eine Knospe mit ihrem Stützblatte; dem ersten Arme folgen die anderen in einer deutlichen Spirale auf einer sehr flachen Stengelspitze. Ich schliesse hieraus, dass alle Arme selbstständige Blätter sind. Bei der einarmigen Ranke ist das Verhältniss aber viel undeutlicher; die Differenzen zwischen ihr und der mehrarmigen bestehen darin, dass die erste Anlage, die extraaxillare Knospe, nicht mit solcher Deutlichkeit von der Achselknospe getrennt entsteht, im Gegentheil sich derselben oft innig anschmiegt und mit ihr vereinigt zeigt, was zu der Behauptung Veranlassung gegeben hat, sie entstehe auf ihr; zweitens darin, dass der Hauptarm der Ranke, der einzige, welcher hier zu Entwickelung kömmt, gleich mit grösster Kraft entwickelt wird und daher die kleine übrig bleibende Stengelspitze dergestalt ganz zur Seite drängt, dass sie an älteren Ranken gar nicht aufzufinden ist; man könnte sich auch hier dazu versucht fühlen, an ein terminal gestelltes Blatt zu glauben.

die Stengelspitze schief zu stellen und die Arbeit des Vegetationspunktes zu unterdrücken vermögen, unvermeidlich zu dem Schlusse, dass sie auch die Stengelspitze ganz erobern können und aus ihrem Vegetationspunkte sich direct entwickeln, weil wir bei verwandten Gattungen pseudoterminale und ächt terminale Antheren finden? Sind jene von Müller beobachteten terminalen Stamina wirklich Blätter, weil sie den umgebenden lateralen Staubblättern gleich sind? Kann es überhaupt terminale Blätter geben?

Mir scheint es unerlässlich, durch eine solche Annahme gerade die beiden Grundorgane Phyllom und Kaulom in einander übergehen zu lassen, den ganzen relativen Unterschied, den wir zwischen ihnen gesetzt haben, völlig aufzuheben, denn der beruht einzig und allein auf ihren gegenseitigen Stellungsverhältnissen: das Kaulom ist das Centrale, das Phyllom das Laterale; zum Begriff des Phylloms gehört, dass es seitlich an einem Stamme entstehen muss, wie Sachs in einem Lehrbuche scharf und klar hervorgehoben hat.

Wenn wir die Verhältnisse bei *Euphorbia* wieder in Betrachtung nehmen, finden wir also unzweifelhafte Kaulom-Anlagen, welche sich direct zu Antheren entwickeln; von einem Vegetationspunkte, der schief gestellt wird, ist nicht im allergeringsten die Rede, und von einer histologischen Grenze oder einem histologischen Gegensatze zwischen dem oberen und dem unteren Theile ist eben so wenig die Rede; denn die spät auftretende Articulation des Filaments beruht einzig und allein auf Zellenbildungsprocessen im peripherischen Theile desselben, während das Innere und der dasselbe durchziehende Fibrovasalstrang unberührt davon bleiben. Wenn man also ganz unbefangen die Sache betrachtet, muss man sagen, dass die ganze Anthere eben nur die, durch die ihr anvertraute Funktion abgeschlossene, Achse ist. Es könnte Einer meinen, es gehöre doch zum Begriff des Kauloms Phyllome zu produciren, und dieses Kaulom producirt keine, wenn wir nicht in der Articulation eine verhüllte Blattbildung sehen werden; allerdings gehört es zu den Eigenschaften, die der Achse zukommt, Phyllome aus sich hervorgehen lassen zu können, aber eine Kaulomanlage hat desshalb nicht die Verpflichtung, dies immer zu thun; sie bleibt doch ein Kaulom, selbst wenn sie gleich nach der Geburt in eine andere Wirksamkeit versetzt wird, wo sie nicht Blätter zu produciren braucht. Es könnte ein Anderer meinen, es wäre gegen die Natur eines Kauloms ein begrenztes Wachsthum zu haben; auch dies muss ich aber als ein mit den Functionen in genauester Beziehung stehendes Verhältniss betrachten, und die Ovula, die ja doch nach den Anschauungen wohl der meisten Morphologen (unter denen Strasburger) Kaulome (Knospen) sind, geben uns gerade Beispiele normal abgeschlossener Kaulome; als solche können auch z. B. die Receptacula der Compositen[1]) aufgefasst werden, denn ehe noch die Blüthenentwickelung bedeutend vorgerückt ist, erlöscht die Thätigkeit des Vegetationspunkts, die frühere regelmässige Ordnung und oft scharfe Differenzirung in Periblem und Plerom mit deutlicher Initialgruppe geht verloren, das Längenwachsthum der Achse ist vorbei, ehe davon die Rede sein kann, dass ein laterales Organ, sei es Knospe, sei es Blatt, durch seine mechanische Einwirkung dem Wachsthume ein Ende setzte.

Gehört es aber zum Begriff des Phylloms, seitlich an einem Kaulome zu entstehen, dann ist es ferner auch nicht zu vergessen, dass die meisten Kaulome bei ihrer Entstehung in Bezug auf das mütterliche Kaulom laterale Gebilde sind. Wird ein solches junges Kaulom nun dadurch darin gehindert, seine am meisten charakteristischen Eigenschaften zu offenbaren, dass es ganz einfach in seinem Wachsthume gehemmt ist, — und ein Organ kann ja auf jeder Entwickelungsstufe gehemmt werden, oder dadurch, dass es zu einer anderen speciellen Arbeit verwendet wird, z. B. zu der, Pollen zu produciren oder einen Keimsack anzulegen, so wird es dem Morphologen schwierig werden können, sein Kaulom unter dem angenommenen Kleide wieder zu erkennen, besonders wenn die anderen Grundorgane, an dieselben Arbeiten versetzt, dieselbe Tracht anlegen.

Dies ist nun aber meiner Meinung nach bei *Euphorbia* der Fall; die Staubträger sind solche durch die Uebernahme einer besonderen Arbeit gehemmte Kaulome; sie bilden in dieser Function keine Blätter, aber sie haben dennoch die verborgene Fähigkeit unter abnormen Verhältnissen als die gewöhnlichen Knospen auftreten zu können, Blätter zu bilden etc. Sind die Stamina aber Kaulome, so sind die »terminalen« Antheren eo ipso auch Kaulome. —

---

1) Vergl. Warming: »Forgreningsforhold hos Fanerogamerne«, danske Videnskab. Selskabs Skrifter, 1872.

Bei *Euphorbia* sind die Verhältnisse so complicirt wie sonst nirgendwo. Nehmen wir aber nun noch ein Beispiel einer staubentwickelnden Achse, bei der eine weit grössere Einfachheit herrscht.

Cyclanthera.

Schon in meiner Dissertation[1]) und dem derselben vorausgehenden Aufsatze[2]) habe ich die Aufmerksamkeit auf die Anthere dieser Pflanze hingelenkt; später habe ich die Entstehung der Pollen-Urmutterzellen etc. kürzlich besprochen[3]). Ich werde sie jetzt etwas ausführlicher behandeln.

In meiner Abhandlung »Forgreningsforhold hos Fanerogamerne«[4]) habe ich die Verzweigungsverhältnisse dieser Pflanze näher besprochen. Sie entfernt sich in Bezug hierauf nur in einzelnen Punkten von den übrigen von mir beobachteten Cucurbitaceen[5]).

Wir haben hier die Entwickelung der männlichen Blüthen zu betrachten, indem ich auf die Taf. 6 dieser Abhandlung und auf die

---

1) »Videnskabelige Meddelelser«, 1871, S. 82.

2) Flora 1870, S. 392.

3) Botaniska Notiser, citg. af O. Nordstedt, Lund, 1871. No. 6, S. 180.

4) Vid. Selsk. Skr. l. c. S. 72—74.

5) Die Betrachtungen Rohrbachs (Beiträge zur Kenntniss einiger Hydrocharideen, Abhandl. d. Naturf. Gesellsch. zu Halle, Bd. XII, 1871) über diese Familie kann ich nicht alle theilen, so, wie schon erörtert, die morphologische Erklärung der Ranken; die Annahme der genau medianen Stellung der Achselknospen auf den vegetativen Zweigen; dann die Auffassung der Knospenbildung in den männlichen Blüthen als auf einer fortgesetzten Theilung des Vegetationspunktes beruhend; bei *Bryonia* muss ich mich entschieden gegen das Stattfinden einer ächt dichotomischen Theilung erklären; ebenso entfernt von dieser ist die Blüthenbildung bei *Ecbalium Elaterium*, *Sicyos Baderoa* und *angulata*, *Cucumis prophetarum;* doch kommt es vielleicht bei der erstgenannten Art vor, dass die peripherischen Zellen des Vegetationspunktes an der Knospenbildung Theil nehmen; was *Cyclanthera* betrifft, scheinen die Knospen der männlichen Trauben allerdings in einigen Fällen durch Dichotomie des Vegetationspunktes gebildet zu werden. Dagegen entstehen die sogenannten accessorischen Knospen unter den Blüthen entschieden nicht durch Theilung einer ursprünglichen Anlage, sondern als Seitenbildungen in Bezug auf jene als Hauptachse. Näheres und Abbildungen von diesen Verhältnissen vergl. »Forgreningsforhold hos Fanerogamerne«, l. c. und »Videnskabelige Meddelelser«, 1870.

auf Tab. V, Fig. 22—24 in »Forgreningsforhold hos Fanerogamerne« abgebildeten jungen Blüthen verweise.

In Fig. 1, Taf. 6, ist eine junge männliche Blüthe in Längsschnitt dargestellt, von dem in Fig. 2 das histologische Bild gegeben wird. An den Ecken hat die Bildung des Perigons, pg, angefangen vorzugsweise durch Zellentheilungen in dem unterhalb der ersten Periblemschicht folgenden Gewebe. Der Scheitel der Blüthe ist ausserordentlich flach, und nur in der Mitte, bei *a*, findet sich ein kleiner Höcker, die Stengelspitze.

Die Zellentheilungen an der Peripherie setzen sich fort, indem auch die erste Periblemschicht in Activität gesetzt wird, wodurch denn der das Perigon darstellende Ringwall höher und höher aufgebaut wird (Fig. 3—4). Die Stengelspitze (*a*) tritt etwas mehr hervor, was sie der Streckung ihrer Zellen verdanken muss.

Die weitere Ausbildung des Perigon lassen wir hier ausser Betracht[1]), da wir nur unserere Aufmerksamkeit auf die Achsenspitze zu fixiren haben. Diese hat sich in Fig. 5—6 durch Zellenstreckung der obersten und durch Zellenvermehrung in den tiefer liegenden Schichten bedeutend mehr emporgehoben; die erste Periblemschicht hat fortwährend ungetheilte Zellen, und gewöhnlich habe ich diese Zellen, gerade wie es zum Theil auch bei *Euphorbia* der Fall ist[2]), in radialer Richtung bedeutend gestreckt gefunden.

In Fig. 8 (etwa der Fig. 7 entsprechend) ist die Achsenspitze grösser geworden; die erste Periblemschicht ist fortwährend ungetheilt; eine zweite obgleich unregelmässige lässt sich erkennen und die Volumenzunahme ist daher durch die tiefer in der Achse Statt habende Zellenvermehrung hervorgerufen; hier treten nicht selten, besonders in den älteren Antheren, deutliche senkrechte Zellenreihen auf, den Pleromreihen ähnlich.

Noch ist die Achsenspitze ziemlich cylindrisch; jetzt fängt aber ein Zellenbildungsprocess an, durch welchen sie horizontal nach allen

---

1) Aus Fig. 1, 3, 5, 7, 9 und 16 geht hervor, wie es sich mehr und mehr emporhebt und sich über den das Blüthencentrum einnehmenden Höcker wölbend zusammenschliesst.

2) Vergl.: »Forgreningsforhold hos Fanerogamerne« l. c. Tab. IX, Fig. 27 und 25.

Radien bedeutend vergrössert wird, und daher die Form eines kreisrunden dicken scheibenförmigen Körpers annimmt auf einem verschwindend kurzen Fusse; Fig. 9 zeigt sie uns im Längsschnitt. In der Anordnung der Zellen in den Figuren 10—11, Hälften von solchen Längsschnitten darstellend, sieht man ganz deutlich den Zellenbildungsprocess ausgedrückt: es gehen von den mittleren ziemlich senkrechten Pleromreihen der Achsenspitze annähernd horizontale mehr oder weniger regelmässige Zellenreihen aus; dieses Gewebe, das also durch allseitige obgleich vorzugsweise senkrechte (d. h. parallel der Blüthenachse gehende) Theilungen gebildet worden ist, treibt die erste Periblemschicht und das Dermatogen in die Höhe. Jetzt fangen aber auch die Zellen jener Schicht an sich zu theilen, und zwar entstehen hier und da an den Rändern der Scheibe oder an den Ecken des Längsschnitts tangentiale Theilungswände: die Entwickelung hat das Stadium der Bildung der Pollen-Urmutterzellen erreicht. Den erstgebildeten Tangentialwänden schliessen sich andere in den Nachbarzellen an, und es wird so die erste Periblemschicht, wenn man einen Längsschnitt betrachtet, an vier Stellen zweischichtig (die Schichten haben nur geringe seitliche Ausdehnung; mehr wie 4—5 Tangentialtheilungen werden an den Längsschnitten selten beobachtet); da alle Längsschnitte dasselbe Bild geben, ist es einleuchtend, was auch aus horizontalen Schnitten deutlich hervorgeht, dass es eigentlich zwei ringförmige über einander liegende Partieen jener ganzen ersten Periblemkappe sind, welche zweischichtig geworden sind.

In den Fig. 10—11 bezeichnen p—p wie gewöhnlich die Pollen-Urmutterzellen. Aus diesen beiden Figuren wird man schon den Anfang der weiteren Theilungen sehen, indem in Fig. 10 eine äussere primäre Tochterzelle schon tangential getheilt worden ist, während andere in Fig. 11 sowohl auf diese Weise als auch radial getheilt sind. Bei dieser Figur will ich noch auf die schiefgestellten, mit (z) markirten, Wände aufmerksam machen; solche kommen wie bei den Staubblättern oft vor, und haben wohl zum Zwecke die concentrische Hülle der Pollen-Zellen herzustellen.

Was nun die fernere Ausbildung der Urzellen des Pollens und der Wandzellen betrifft, so werde ich mich kurz fassen können, indem ich auf die von selbst verständlichen Zeichnungen, Fig. 12—18, verweise. Sie geht in genauester Uebereinstimmung mit der als Regel bei den Phyllomen vorkommenden vor. Die Pollen-Urmutterzellen, welche sehr bald durch ihre Grösse und optisches Verhalten ausgezeichnet erkennbar werden, bleiben als kubische primäre Tochterzellen der ersten Periblemschicht bestehen ohne sich zu theilen, bis zur Tetradenbildung.

Der Theilungsprocess bei Bildung der Wandzellen schreitet, wie sonst immer, centrifugal (vergl. Fig. 12 und 14) fort, indem alle Wände der Würfeltheilung auftreten, und die tangentialen wie gewöhnlich die überwiegenden sind. Schnitte in allen Richtungen durch die Anthere gelegt, geben genau entsprechende Bilder. Die Wand besteht dann schliesslich aus drei secundären Periblem-Schichten und der Epidermis (Fig. 13 und 17); die Zellen der zwei äussersten Schichten bleiben mehr oder weniger tafelförmig flach, die der innersten Schicht werden durch horizontale und radiale Theilungen kleiner und mehr kubisch, und constituiren somit schliesslich eine vollkommen typische stark hervortretende Tapete (Fig. 16—17, t—t).

Selbst in einer Anthere, deren Wandschichten alle angelegt waren, ist es mir immer leicht gewesen, und viel leichter als z. B. bei *Euphorbia*, den Zellenbildungsprocess durch blosse Betrachtung des fertigen Zustandes nachweisen zu können, indem nicht nur die innere Grenzlinie der alten ersten Periblemschicht innerhalb der getheilten Partieen deutlich aufzufinden und der Uebergang der getheilten Schicht in die ungetheilte zu sehen ist, sondern auch die Seitenwände der ursprünglichen Periblem-Zellen zwischen den Tochterzellen verschiedener Ordnung als Radien, die in gerader Linie von der inneren zur äusseren Grenzlinie verlaufen, leicht zu verfolgen sind.

Fig. 16 zeigt uns einen Längsschnitt durch eine Blüthe, wenn alle Zellen angelegt sind, und noch keine aufgelöst worden. Durch die stark hervortretenden Fächer ist die ganze Anthere jetzt an ihrer oberen Fläche concav geworden. Ein kräftiger Fibrovasalstrang steigt in der Mitte der Achse empor und löst sich ungefähr im Centrum der ganzen Anthere in radial geordnete sonst aber unordentlich gestellte Spiralzellen auf.

Das fernere Schicksal der Wand entspricht vollkommen dem, was wir bei den unzweifelhaften Phyllomen beobachtet haben. Die tapezierenden Zellen schwellen wie gewöhnlich auf (Fig. 17) und verschwinden; die mittlere Wandschicht wird auch aufgelöst, nur die

Zellen der äussersten bilden sich zu Spiralfaserzellen um, die nur am Grunde der Antherenklappen mehr wie eine einfache Schicht bilden. Die klaren dünnwandigen halb zusammengefallenen Epidermiszellen bleiben allerdings bestehen, dürfen aber eine ziemlich unbedeutende Rolle spielen; tangentiale Theilungen der Epidermis-Zellen an den Aufspringungsnähten finden nicht Statt.

Wir haben nun die Entwickelung von dieser sonderbaren Anthere verfolgt und haben dabei die vollständigste Uebereinstimmung zwischen den hier und den bei der *Euphorbia*-Anthere sowohl wie bei allen unzweifelhaften Staubblättern stattfindenden Zellenbildungsprocessen gefunden. Ich muss aber diese entschieden als eine s. g. »axile« Anthere oder staubentwickelnde Achse betrachten. Man könnte allerdings meinen, dass dies wenig wahrscheinlich und natülich sein kann, wenn wir in allen anderen Cucurbitaceen-Gattungen ebenso charakteristische staubentwickelnde Blätter finden. Obgleich man nun allerdings der comparativen Methode eine wichtige Stimme zuerkennen muss, darf man sie doch auch nicht zur Alleinherscherin machen, und wir werden auch, wenn wir hier die Comparation der Verwandten mit in Betracht ziehen, auf Schwierigkeiten stossen. Wollte man nämlich hier die Bildung eines rudimentären Staubblattes an der Blüthenachse annehmen, so müsste das ein ringförmiges, stengelumfassendes, überall gleich hohes Staubblatt sein, und wo finden wir bei den verwandten Gattungen, ja überhaupt anderswo im Pflanzenreiche, ein analoges Blatt? Die »Erfindung« der terminalen Blätter habe ich schon oben besprochen; gerade hier scheint sie mir am wenigsten Stütze zu finden.

Mir bleibt somit kein Zweifel übrig, dass es wirkliche axile Antheren oder staubentwickelnde Kaulome in der Natur giebt, und dass die Antheren von *Euphorbia* und *Cyclanthera* solche sind; ist dies aber der Fall, so haben wir hier auch gelernt, dass die Arbeit, Pollen zu produciren und eine Antherenwand auszubilden, auf ganz gleiche Art ausgeführt wird, wenn sie einem Phyllome wie wenn sie einem Kaulome anvertraut ist.

Betrachten wir nun schliesslich die geschichtliche Entwickelung unserer Kenntnisse in Bezug auf die im ganzen Vorigen behandelte Frage.

Historischer Rückblick.

Bei Koelreuter[1]) finden wir schon die Meinung angedeutet, dass die Pollenkörner in einem Zellgewebe entstehen. Sonst hatte man[2]) vor Robert Brown nur unklare und unrichtige Vorstellungen von der Bildung derselben, und glaubte z. B. dass sie sich frei in einer die Antherenfächer ausfüllenden schleimigen Masse bildeten (Gleichen, Hedwig u. a.).

In seiner Untersuchung über die *Rafflesia*[3]) sagt der genannte englische Forscher nun aber ganz bestimmt: »the pollen is formed in a cellular substance apparently destitute of vessels; and is always produced internally, or under the proper membrane of the secreting organ«, und ferner, dass jedes Fach von »a pulpy substance« gefüllt ist, »on the surface or in the cells of which the pollen is produced«.

Diese Meinung fand doch noch Widerspruch z. B. von Link[4]) und C. H. Schultz[5]), und wohl auch Anderen, die noch fortwährend behaupteten, dass die Pollenkörner frei in einer Flüssigkeit entständen.

Eingehendere Untersuchungen wurden dann aber 1827 von Brongniart[6]) publicirt. Er unterscheidet »la masse pollinique«, das heisst die Mutterzellen des Pollens, von dem umgebenden Gewebe, und beschreibt sie als aus zahlreichen dünnwandigen durchsichtigen polyedrischen Zellen bestehend, welche dass Innere der Antherenfächer ausfüllen. Ferner hat er die tapezierende Schicht beobachtet, obgleich er deren Bau missverstand, indem er sie als eine transparente sehr dünne Membran auffasste, welche die »masse pollinique« umschliesst, und eine Art »innere Epidermis« der Fächer bilde; bei *Datura* hat sie eine

---

1) Vorläufige Nachricht von einigen das Geschlecht der Pflanzen betreffenden Versuchen und Beobachtungen, 1761, p. 13, § 13.

2) Unbekannt ist mir das Werk von A. G. Schultz: Quaenam est ad Antheras Pollinis formatio ejusque evolutio? e quibusnam constat principiis? etc., 1820.

3) An account of a new genus of plants named Rafflesia, in Transactions of the Linnean Society, vol. XIII, 1821.

4) Elementa philosophia, 1824, nach dem Citate Mohl's.

5) Die Natur der lebenden Pflanze, 1828, II. Bd., § 101.

6) Mémoire sur la génération et le développement de l'embryon dans les végétaux phanérogames, in Ann. d. sc. nat. XII, 1827, S. 21.

von dem Gewebe der Anthere abweichende Farbe. Er bildet sie bei *Cobaea* als dem inneren Winkel des Faches angeheftet ab. Uebrigens war er der Erste, welcher (bei dieser Pflanze) die Viertheilung der Pollen-Mutterzellen beobachtete, und was seine Querschnitte der Antheren von *Pepo macrocarpus* und *Cobaea* betrifft, sind sie im Ganzen sehr naturgetreu; nur schliessen die Mutterzellen bei der ersten nicht eng an die hier deutlich und correct als eine Zellenschicht abgebildete Tapete an, und bei der letzten kommt die besprochene Membran hinzu. Ausser diesen beiden Arten untersuchte und bildete er besonders *Oenothera biennis* ab, hat aber auch *Nuphar luteum*, *Datura Metel*, *Datura arborea* und *Tropaeolum majus* beobachtet.

Fast gleichzeitig mit der Publication Brongniart's fing Purkinje seine Untersuchungen über den Bau der Antherenwand an, die er 1830 publicirte[1]). Er ist zwar nicht der Entdecker von den die Wand am öftesten theilweise constituirenden fibrösen Zellen, denn er giebt selbst in seiner Vorrede den Preis der Endeckung an Meyen[2]), und später hat Mirbel sich die Priorität vindiciren wollen[3]), indem er darauf hinwies, dass er schon 1808[4]) die Existenz von fibrösen Zellen, die er »cellules découpées« nennt, nachgewiesen hat. Aber die Arbeit Purkinje's enthält doch einen solchen Reichthum von Beobachtungen über den Bau der Wand und die Formen der fibrösen Zellen, dass wir ihm dennoch fast das Verdienst der Entdeckung zugestehen können; seine Beobachtungen scheinen selbst von den neueren Botanikern nicht hinreichend gekannt zu sein. Unbegreiflich ist es mir z. B., wie Chatin 1870 in seiner grossen Arbeit »de l'anthère« sagen kann (S. 23): »Une disposition remarquable et cependant assez commune, bien qu'elle paraisse ne pas avoir encore fixé l'attention des botanistes, est celle que j'appellerai disposition *en griffe*«, wenn doch Purkinje, den er anderswo selbst citirt, dieselbe Art der fibrösen Zellen öfters abbil-

1) De cellulis antherarum fibrosis nec non de granorum pollinarium formis commentatio phytotomica. Vratislaviae. 1830.

2) Anatom. phys. Untersuchungen über den Inhalt der Pflanzenzellen. Berlin 1828.

3) Siehe z. B. Mémoires de l'institut de France, XIII, 1835, S. 390—91.

4) Observations sur un système d'anatomie comparée des végétaux, Mémoires de l'institut.

det und unter dem Namen: »cellulae asterisciformes« erwähnt[1]). Die äussere Wand der Anthere, die Epidermis, wurde von Purkinje: »exothecium«, die innere von den fibrösen Zellen gebildete: »endothecium« genannt. Die transitorischen Gewebe kennt er nicht, beschäftigt sich auch sonst weder mit der Entstehung der Urmutterzellen noch mit der Entwickelung und dem Baue der eigentlichen Pollenkörner.

Mohl ist der nächste, den wir zu erwähnen haben. Erst trat er 1830[2]) den Anschauungen Purkinje's über die Natur der Fasern in den fibrösen Zellen und über ihre biologische Bedeutung entgegen, und fügte dazu eine Menge Beobachtungen über die Formen derselben, wobei er denn auch wie Purkinje der sternförmigen Fasern Erwähnung thut. Dann berührt er in einem späteren Aufsatze[3]) die Bildung der Pollen-Körner, und bestätigt die Beobachtungen Rob. Brown's und Brongniart's, dass sie in dünnwandigen die Loculamente der Antheren erfüllenden Zellen entstehen. Worauf er aber vorzugsweise die Aufmerksamkeit lenkt, ist das allgemeine Vorkommen der Viertheilung der Mutterzellen, wenn sie zur Bildung der Pollen-Körner schreiten. Besonders hebt er dieses in einer speciellen 1834 publicirten Abhandlung[4]) hervor, in welcher er übrigens die Pollen-Körner selbst zum speciellen Ziele seiner Untersuchungen hatte.

Eine ausgezeichnete Entwickelungsgeschichte einer Anthere giebt Mirbel[5]). Er folgt Schritt für Schritt und bildet die Entwickelung der Anthere von *Cucurbita Pepo* sehr genau ab, und wenn wir uns an die Fragen halten, die uns hier beschäftigen, fehlt ihm eigentlich

---

1) Siehe z. B. seine Tab. V, Fig. 25, *Armeria fasciculata;* Tab. VI, Fig. 9, *Rubia tinctorum;* Tab. VIII, Fig. 6, *Polygala Chamaebuxus*, mit welcher man Fig. 5, Pl. XXVII von *Polygala speciosa* bei Chatin vergleiche, um die grosse Uebereinstimmung zu sehen. Man sehe auch oben unter *Melilotus* und Taf. 4, 7.

2) Ueber die fibrosen Zellen der Antheren, Flora 1830, II, S. 697, und Vermischte Schriften, S. 62.

3) Flora, 1833, I, und Vermischte Schriften S. 67: »Einige Bemerkungen über die Entwickelung und den Bau der Sporen der cryptogamischen Gewächse«.

4) »Ueber den Bau und die Formen der Pollen-Körner.« Bern 1834.

5) Complément des observations sur le *Marchantia polymorpha*, in Mémoires de l'Institut de France, tome XIII, 1835.

nur noch die Abstammung der Pollen-Urmutterzellen zu entdecken, um die ganze Entwickelung genau zu kennen; aber gerade bei den Cucurbitaceen ist dies mit bedeutenderen Schwierigkeiten verbunden als anderswo. In dem ursprünglich ganz gleichartigen Gewebe der Anthere zeigte sich ihm bald auf beiden Seiten der Mittellinie eine Gruppe von Zellen, welche bedeutend grösser als die anderen übrigens ganz ähnlichen waren, die »utricules polliniques«. Er beobachtete und beschrieb ferner genau die auskleidende Zellschicht; die Pollen-Mutterzellen sind nämlich, sagt er, mit dem übrigen Gewebe verbunden durch »une membrane utriculaire, espèce de tegument qui, malgré sa continuité organique avec les parties environnantes, s'en distinguait tout d'abord; car tandis que les utricules des parties environnantes s'alongeaient parallèlement au plan de la surface et au plan de la base de l'anthère, celles du tégument s'alongeaient du centre à la circonférence.« Es ist das erste Mal, dass diese Schicht so correct aufgefasst wird, und dass er auch weiss, dass sie später verschwindet, geht aus seinen Worten (l. c. p. 399) hervor. Er musste aber auch wissen, obgleich er, so viel ich sehen kann, es nicht direkt ausspricht, dass die zwischen der auskleidenden und der fibrösen Schicht liegenden Zellen aufgelöst werden; denn einerseits zeigen seine Figuren 78—79, 81—82, Pl. VIII, und 84, Pl. IX, (abgebildet bei Duchartre in Eléments de botanique, Fig. 346, p. 556) die ursprüngliche Existenz von 3—4 Zellschichten zwischen jener und der Epidermis, andererseits erklärt sowohl seine Fig. 93, Pl. IX, als auch seine Beschreibung (l. c. p. 392) der reifen Antherenwand sehr deutlich, dass diese nur aus der Epidermis und einer dieser dicht anschliessenden fibrösen Schicht besteht; alle innerhalb liegenden Schichten sind folglich aufgelöst worden.

Schleiden publicirte erst im Jahre 1837[1]) eine Notiz, später 1839[2]) mit Vogel einige ausführlichere Untersuchungen über die Pollen-Bildung, welche aber denen Mirbel's an Schärfe nachstehen. Was die frühesten Entwickelungsstufen betrifft, so ist er der Meinung, welche mit jener Mirbel's und Brongniart's übereinstimmend ist, dass vier Gruppen von Parenchymzellen im Inneren der Anthere sich von

---

1) Wiegmann's Archiv, III, 1. Bd., 1837, p. 297.

2) Entwickelungsgeschichte der Leguminosenblüthe, in Nova acta acad. Caes. L. C. XIX, I, p. 67.

den anderen differenziren, um als Pollen-Urmutterzellen zu fungiren; diese theilen sich dann ferner und aus jeder geht so eine Gruppe von Zellen hervor, die wasserhell sind und von denen »fast jede in ihrem Innern eine neue Zelle (matrix pollinis) erzeugt«; in diesen endlich entwickeln sich die Pollenzellen zu dreien oder vieren.

Ein Rückschritt geschah nun aber 1839 durch Meyen[1]). Er wählte als Object seiner Untersuchung dieselbe Pflanze, die auch Mirbel und Brongniart gedient hatte, den Kürbiss; er sah aber, »dass an denjenigen Stellen des ursprünglichen Staubblattes, wo später das Antherenfach auftritt, eine Gruppe von mehr oder weniger vielen Zellen, von 5, 6 bis 8 und vielleicht noch darüber, deren Wände noch aus einer weichen und umbildsamen Substanz bestanden, zum Theil aufgelöst und in eine unförmliche schleimige Masse verwandelt wurden, aus welcher alsdann die ersten Umrisse der Pollenmassen hervorgebildet wurden. Diese Rückbildung der Zellenwände mit ihrem Inhalte in eine unförmliche Schleimmasse geschieht auf die Weise, dass die Auflösung der Zellwände von einem gewissen Punkte beginnt und von diesem aus sich seitlich auf die zunächst liegenden Zellen erstreckt«.

Er beschreibt nun ferner, wie die Urmutterzellen des Pollens sich aus »dem condensirten Schleime« bilden; diese vermehren sich dann, aber wie, ist ihm nicht ganz klar. Dann fängt auch die Schleimmasse, welche übrig geblieben ist und die Mutterzellenmasse umschliesst, an eine zellige Structur zu zeigen, und dadurch entsteht »eine Schicht von Schleimzellen, welche die ganze Pollen-Masse einschliesst«, das heisst: es bildet sich die Tapetenschicht der Antherenfächer, deren Zellen übrigens, wie schon oben bemerkt, bei *Cucurbita* ungewöhnlich deutlich sind. Wenn man von diesen Phantasien absieht, hat Meyen übrigens mehrere richtige Thatsachen; so hat er z. B. bemerkt, dass die innere Fläche des Antherenfaches mit einer Schicht von zarten und ellipsoidisch abgerundeten Schleimzellen bedeckt wird zu der Zeit, wenn die Mutterzellen der Pollen-Körner aufgelöst werden und die Pollen-Zellen frei zu liegen kommen, und er hat auch die Sache richtig aufgefasst so nämlich, dass diese Zellen eben die Zellen jener tapezierenden Schicht sind, und dass nicht nur sie, sondern auch eine ganze Zellenschicht von der inneren Fläche der Antherenwände zerstört werden,

---

1) Neues System der Pflanzenphysiologie, III, p. 117 sq.

so dass die vollkommen ausgebildeten Wände nur aus den zwei Zellenschichten bestehen, die Mirbel abgebildet hat (l. c. p. 134).

Decaisne scheint sich in seiner Abhandlung über *Viscum album* Meyen anzuschliessen (1840)[1]), indem er annimmt, dass die »Lacunen« des Staubblattes, in denen sich später die Pollen-Körner bilden, »par la destruction et l'écartement du tissu utriculaire« gebildet und dadurch von einer Schleimmasse erfüllt werden; in dieser findet er denn später »les utricules polliniques«,

Von allen früheren weicht Nägeli[2]) wesentlich ab, indem er einen anderen Irrthum in die Wissenschaft einführte (1842), der seitdem von dem einen Lehrbuche zum anderen übergegangen ist, und der grade desswegen wohl einen so günstigen Empfang fand, weil er mit einer allzugrossen Bestimmtheit und Schärfe ausgesprochen wurde und scheinbar von einer so scharfen Beobachtung zeugte, dass alle spätern Untersucher von einer vorgefassten Meinung ergriffen dasselbe sehen oder doch annehmen mussten, auch wenn sie es selbst zu sehen nicht vermochten. Während nämlich alle früheren Beobachter, welche nicht von einem formlosen die Fächer erfüllenden Schleime sprachen, auf der ersten Entwickelungsstufe der Antheren, wo sie eine innere Differenzierung wahrnehmen könnten, immer auf den Querschnitten eine ganze Gruppe von gleichwerthigen Urmutterzellen des Pollens entdeckten, präcisirte Nägeli dies dahin, dass es ursprünglich nur eine einfache senkrechte Zellenreihe sei, die sich an vier Stellen der Anthere, den gewöhnlichen vier Fächern entsprechend, als Urmutterzellenreihe differenzire. Die Beobachungen, die er, wie es scheint, nur an drei Pflanzen *Lilium tigrinum*, *Oenothera* und *Cucurbita*, gemacht hat, werden sogleich generalisirt: »Es beginnt also in dem aus parenchymatischem Zellgewebe bestehenden Loculus in einer senkrechten einfachen Zellenreihe ein Zellenbildungsprocess, von unten nach oben, indem sich da Zellen in Zellen bilden, bis der cylindrische Strang von Mutterzellen fertig ist. Die Ansicht von Mirbel

---

1) Mémoire sur le développement du pollen, de l'ovule et sur la structure des tiges du gui (Viscum album), in Nouveaux mém. de l'académie royale de Bruxelles, XIII. 1840.

2) Zur Entwickelungsgeschichte des Pollens bei den Phanerogamen Zürich 1842.

und Schleiden, dass sich gleich eine Gruppe neben einander liegender Parenchym-Zellen differenzire und die Mutterzellen bilde, scheint aus dem Uebersehen der Entwickelungsmomente hervorgegangen.«

Was die Ausbildung der Antherenwand betrifft, unterscheidet er drei Partieen; die äusserste bezeichnet er richtig als Epidermidalschicht; die zweite ist die Spiralfaserschicht, und drittens kommt das transitorische Zellgewebe, in dem er aber nicht genügend die innerste tapezierende Schicht von den anderen unterscheidet, obwohl er sie gut gesehen hat.

Bei fast allen folgenden Botanikern, welche eigene Untersuchungen publicirten oder Lehrbücher der Botanik verfassten, finden wir die Ansichten Nägeli's wieder, und die wenigen Beobachtungen, die darauf hindeuteten, dass es eine Schicht oder doch ein dickerer Strang von Parenchym-Zellen wäre, welche sich zu Pollen-Urmutterzellen differenziren, wurden übersehen und vergessen, wahrscheinlich weil der Verdacht immer so nahe lag: der Beobachter habe die ersten Entwickelungsstufen übersehen.

So nimmt z. B. Schleiden[1]) die Theorie Nägeli's vollständig auf. Desgleichen Kützing[2]).

In Hofmeister's erster Arbeit über den Pollen[3]) berührt er nur ganz kurz die Entstehung der Mutterzellen. Bei *Tradescantia* spricht er sehr unbestimmt von dem innig zusammenhängenden Gewebe der Mutterzellen; bei *Passiflora* sieht er auf dem Querschnitte der Anthere vier kreisrunde helle Zellgewebsportionen, welche diejenigen sind, aus welchen »die Mutterzellen und das sie zunächst umhüllende Gewebe« gebildet werden. Ob jene einen einfachen Zellenstrang bilden, wird nicht deutlich gesagt; es scheint doch, er meine, dass nicht nur bei *Pinus* und *Abies*, sondern auch bei den genannten zwei Pflanzen eine grössere Menge von Parenchym-Zellen sich gleich von Anfang ab als Mutterzellen differenziren.

In demselben Jahrgange der botanischen Zeitung publicirte aber Goldmann eine kleine Abhandlung über die Bildung des Pollens bei

---

1) Grundzüge der wissensch. Botanik, 1849, S. 468—72.

2) Grundzüge der philosophischen Botanik, 1852. II, S. 260—61.

3) Ueber die Entwickelung des Pollens, Botan. Zeitung, 1848, No. 23, 37 und 38.

Gloxinia[1]), aus der hervorgeht, dass er die auf Querschnitten halbmondförmigen Schichten der Pollen-Mutterzellen gesehen hat (er nennt sie »Ringstücke«); diese Beobachtung blieb aber unberücksichtigt, und ward von seinen ziemlich groben Irrthümern in anderen Hinsichten in den Hintergrund gedrängt.

Ebenso erschien in diesem Jahre die Abhandlung Barneoud's über *Trapa*[2]); nachdem das gewöhnliche Zellgewebe, meint er, an vier den künftigen Fächern entsprechenden Stellen resorbirt worden ist, treten an Statt dessen auf jedem Querschnitte vier Gruppen von Pollen-Mutterzellen auf (siehe seine Fig. 1—3, Pl. 15), welche sich später vermehren; von einem einfachen Urmutterzellen-Strang ist hier zwar ebenso wenig die Rede wie oben bei *Gloxinia* nach Goldmann; er steht aber auf dem falschen Standpunkte Meyen's.

Dagegen schliesst Wimmel[3]) sich ganz entschieden Nägeli an: eine einzelne centrale Zellenreihe wird zur Bildung des Pollens verwendet; durch Theilung der Zellen desselben entstehen die Pollen-Mutterzellen. Es könne, meinte er doch, vielleicht sein, dass mehr als eine senkrechte Zellenreihe zur Bildung des Pollens diene in den Fällen, wo sehr viele Mutterzellen auf dem Querschnitt neben einander liegen, wie z. B. bei *Allium spirale*, wo er wohl bis 20 solche beobachtet hat, aber er glaubt dennoch nicht, dass dies der Fall sei. Die radienförmig geordneten Zellen der tapezierenden Schicht charakterisirt er gut, doch scheint er zu glauben, dass alle zwischen dieser Schicht und der Epidermis liegenden Zellen sich in Spiralfaserzellen umwandeln. Dass der von Nägeli zuerst angegebene Vermehrungsprocess der Pollen-Mutterzellen, der nämlich, dass die Vermehrung von unten nach oben fortschreitet, richtig ist, bestätigt er, und nicht selten hat er bei *Oenothera biennis* den ganzen Strang centraler Zellen aus einem Stück der Anthere herausgezogen, und während die obersten Zellen noch ungetheilt waren, waren die untersten schon in der Tetradenbil-

---

1) Entwickelungsgeschichte des Pollens von *Gloxinia maculata* L'Herit, Bot. Ztg. 1848, No. 51, S. 873.

2) Mémoire sur l'anatomie et l'organogenie du *Trapa natans* (Linn.), in Ann. d. sc. nat. III. Sér., t. 9, p. 222.

3) Zur Entwickelungsgeschichte des Pollens, Botan. Ztg. 1850, No. 12, p. 227.

dung begriffen. Der Grund dieses Irrthums muss darin liegen, dass die Zellenbildung in den Urmutterzellen überhaupt nach der Peripherie der Schicht, folglich auch nach den Enden des Stranges hin, immer schwächer wird.

Die Beobachtungen Gieswald's[1]) leiden an denselben Ungenauigkeiten wie die Wimmel's bezüglich der Pollen-Urmutterzellen. In der Mitte einer grossen Menge dünnwandiger Zellen (die wohl die Mutterzellen sein müssen) entdeckt er denn auch die einzige centrale Zelle, die Urmutterzelle Nägeli's. »Alsbald kann man beobachten, dass diese Centralzelle sich in vier (!) andere Zellen getheilt hat . . . . . ; die Mutterzellen des Pollens.« Der Bau und die Ausbildung der Zellenwand ist sehr weitläufig behandelt, scheint aber nicht ohne bedeutende Irrthümer zu sein. So beschreibt er sehr umständlich ein Zellgewebe, das »wohl bisher wenig oder fast gar nicht beobachtet worden sein dürfte«, und sich eng an die Mutterzellen schliesst. Es kann nur die tapezierende Schicht sein, aber, sagt er z. B., Nägeli scheint diese Schicht nicht gekannt zu haben, und nach aussen nach dieser Schicht folgt eine andere mit radial sehr bedeutend gestreckten Zellen, folglich mit den Charakteren jener Schicht. Wie das in Einklang zu bringen ist, verstehe ich nicht. Uebrigens hat er richtig aufgefasst, dass mehr wie die innerste Schicht resorbirt wird, und endlich werde ich noch die Aufmerksamkeit darauf hinlenken, dass die Zellen der zweiten bis fünften Schicht in seiner Fig. 49 so regelmässig gestellt sind, dass es sehr nahe liegt eine Abstammung aus einer einzigen oder doch höchstens zwei ursprünglichen Schichten anzunehmen.

Wenn man den Untersuchungen H. G. Reichenbach's[2]) über die Orchideen-Pollinia grössere Aufmerksamkeit geschenkt hätte, würde es wohl klar geworden sein, dass es sich mit dieser centralen Zellenreihe schwerlich überall so verhalten könnte wie allgemein angenommen. Erstens deuten seine Worte ganz deutlich darauf hin, dass die Urmutterzellen in eine Schicht geordnet sind. So heisst es z. B. von

1) Ein kleiner Beitrag zur Entwickelung des Pollens, in Linnaea, Bd. 25, 1852, p. 81.

2) De pollinis orchidearum genesi ac structura et de orchideis in artem ac systema redigendis, Lipsiae 1852.

Orchis Morio (pag. 7—8): »Inter dissepimentum atque marginem utriusque iam tum (id est m. Novembri) 7—9 paria cellularum maiorum cubicarum collateralium radiorum instar ordinatarum reperiuntur. Illarum dissepimenta exacte perpendicularia .... Hae sunt cellulae maternae pollinis primariae.« Später, im Februar, findet er: »illae cellulae primariae cubicae dissepimentis perpendicularibus horizontalibusque sese multiplicaverant.« Zweitens zeigen seine Figuren 1 u. 2, Tab. I, von *Orchis Morio* L. und eben so die von *Physurus pictus* Lndl., Fig. 21—24, dieselben auf Querschnitten halbmondförmigen Urmutterzellen-Schichten, wie wir oben öfters besonders schön bei den hypogynen Gamopetalen gefunden haben. Allerdings scheinen sie etwas zu schematisch ausgeführt, sonst wäre sogar wohl der Schluss (z. B. aus Fig. 31) berechtigt; dass die Pollenzellen mit der nächst äusseren Schicht gemeinsame Abstammung haben.

Ich kenne die Entwickelung der Orchideen-Antheren nicht aus eigener Anschauung, aber gerade hier scheint doch das Verhältniss für die Auffassung der Urmutterzellen-Schichten ungemein günstig zu sein. Davon zeugen auch die Zeichnungen und Worte Wolf's[1]): »Die grossen Urmutterzellen des Pollens erscheinen auf dem Querschnitt bei schwacher Vergrösserung wie Markstrahlen, welche von der Scheidewand nach beiden Seiten auslaufen«[2]).

Wenn dies aber so ist, wird es mir unbegreiflich, dass Hofmeister[3]) schreiben kann: »Die weit überwiegende Mehrzahl in Bezug auf den Bildungsgang der Pollen-Zellen untersuchter Monokotyledonen zeigt bis in die untergeordneten Einzelheiten den für die Phanerogamen überhaupt typischen Verlauf dieser Entwickelung. Es differenziren sich im Innern der Anthere vier dem Connectiv parallele Längsreihen von Zellen vom übrigen Gewebe dadurch, dass sie in der Vermehrung durch Theilung hinter den benachbarten zurück bleiben. Diese verhältnissmässig grossen mit dickflüssigem Protoplasma sich

1) Beiträge zur Entwickelungsgeschichte der Orchideenblüthe, Pringsheim's Jahrbücher, IV. Bd., 1865—66, p. 267.

2) Vergl. auch Fig. 387, B, S. 505 in Sachs, Lehrb., 1870, Querschnitt einer Blüthe von *Orchis maculata*.

3) Neue Beiträge zur Kenntniss der Embryobildung der Phanerogamen, II, in Abhandl. d. K. Sächs. Ges. d. Wiss. VII, 1861, S. 631.

anfüllenden Zellen sind die Urmutterzellen des Pollens. Die Zellen dieses Stranges mehren sich durch wiederholte Theilungen in allen Richtungen des Raumes«; denn dass die Orchideen ihm aus eigenen Betrachtungen nicht unbekannt sind, und dass er eben denselben Entwickelungsgang auch für sie annimmt, geht schon aus der den letzt citirten Worten angehängten Anmerkung hervor[1]). In sonderbarem Widerspruch mit dieser Anschauung stehen dann aber auch seine eigenen Worte[2]) und die Hinweisung auf die oben angeführten Zeichnungen Reichenbach's: »Jede massula (bei den Ophrydeen und Ceriorchideen) ist die aus der wiederholten Theilung einer einzigen Urmutterzelle des Pollens hervorgegangene Gruppe von Zellen. Dies geht sowohl aus der Untersuchung frühester Zustände hervor (Reichenbach fil. a. a. O. Taf. 1 f. 1.`2 *(Orchis Morio)*, f. 21 *(Physurus pictus)*, als auch aus den Hemmungsbildungen etc.«. Wenn dies der Fall ist, geht doch aus den Lagerungsverhältnissen der Massulae eines Polliniums ganz unstreitbar hervor, dass die Urmutterzellen nicht einen einfachen Zellenstrang gebildet haben können. Von seinen eigenen Abbildungen zeigen ferner Fig. 5, Tab. III. die selbige strahlenförmige Structur des Querschnitts einer jungen Anthere wie jene Reichenbach's und Wolf's, und construirt man sich aus dieser Abbildung und aus den Längsschnitten Fig. 8 und 8 b seiner Tab. III den Bau der jungen Anthere, so geht gerade mit Nothwendigkeit hervor, dass diejenigen Zellen, welche Hofmeister Urmutterzellen nennt, und die zweifellos auch solche sind, eine ganze Schicht bilden müssen. Ob diese Schicht denn auch mit den beiden ausserhalb liegenden Wandschichten aus der ersten Periblemschicht abstammt, muss ferneren Untersuchnngen übergeben werden; seine Fig. 8, c, Tab. IV, spricht in hohem Grade dafür, beweist aber nichts.

Die Untersuchungen, welche Rosanoff[3]) über den Bau des Pollens und die Antheren der Mimosen publicirte, habe ich zum Theil schon oben erwähnt. Der Bau der Antheren und Pollen-Körner ist ein dreifacher; in der einen Gruppe finden sich gewöhnliche einzellige

---

1) L. c. S. 632.

2) L. c. S. 647.

2) Zur Kenntniss des Baues und der Entwickelungsgeschichte des Pollens der Mimosae. Pringsheim's Jahrb. IV Bd., 1865—66, S. 440.

Körner; in der zweiten Pollen-Tetraden und Octaden jedoch in einer vierfächerigen Anthere von gewöhnlichem Bau und in grosser Menge; in einer dritten Gruppe, der zahlreichsten, sehr complicirt gebaute Pollen-Körner (8-, 12-, 16-, 32-, 36-zellige), die in einer Anzahl von 8 in einer Anthere eingebettet sind. Von der Entstehung der Urmutterzellen dieser letzten hat er einige, aber nur ziemlich unbedeutende, Untersuchungen, die mir, nach dem was ich gesehen habe, nicht ein Mal mit der Natur ganz übereinstimmend scheinen. Es heisst nämlich (S. 446): »Unmittelbar unter dem Epithel differenzirt sich eine Schicht abgestutzt pyramidenförmiger Zellen, die sich dann weiter in verschiedenen Richtungen theilen, an welchem Theilungsprocess vier den Ecken der Antherenhälfte entsprechende Zellen in der Art theilnehmen, dass eine grosse Zelle entsteht, die sich von den sie umgebenden tafelförmigen Zellen sowohl durch Grösse als durch Form unterscheidet. (Fig. 36, 40, 41: *A. verticillata*; Fig. 33: *A. paradoxa*). Diese Zelle . . . . ist die Mutterzelle des zusammengesetzten Pollen-Korns.«

Nach dieser Darstellung scheint es allerdings, als habe er die Abstammung dieser Mutterzellen aus der ersten Periblem-Schicht beobachtet; allein weder hat er Entwickelungszustände abgebildet, welche dieses zeigen, noch geben die von ihm citirten Figuren durch die Anordnung ihrer Zellen eine Andeutung von dem vorausgehenden geschilderten Zellbildungsprocesse. Dagegen sind seine Angaben von der weiteren Entwickelung der Pollen-Körner und Antheren-Wand wohl sehr correct.

In den neueren Lehrbüchern finden wir allgemein die Nägeli'schen Angaben von einem einfachen Urmutterzellen-Strang. So z. B. bei Sachs[1]). Die Ausbildung der Antheren-Wand hat er dagegen ganz correct dargestellt, indem er doch in der zweiten Ausgabe nicht wie in der ersten (l. c. 1868, S. 393) davon Erwähnung thut, dass sich gewöhnlich zwischen dem inneren Epithel, meiner Tapete, und den fibrösen Zellen eine Zellschicht vorfindet, die auch resorbirt wird.

Duchartre[2]) folgt Nägeli in Bezug auf diese Frage; benutzt dagegen die Nomenclatur Chatin's für die übrigens richtig charakterisirten Schichten der Zellwand: Exothecium (Epidermis), Endo-

1) »Lehrbuch«, 1868, S. 392; 1870, S. 453.

2) Eléments de botanique, 1867, S. 553.

thecium (das transitorische Gewebe) und Mesothecium (die dazwischen liegenden fibrösen Schichten) statt der alten auch von Sachs benutzten Benennungen Purkinje's: exothecium (Epidermis) und endothecium (die fibrösen permanenten Zellen der ausgebildeten Klappen).

Es scheint mir das zweckmässigste, nachdem die Entwickelungsgeschichte und dadurch das wahre Verhältniss der verschiedenen Schichten zu einander bekannt ist, diese Namen ganz aufzugeben oder jedenfalls nur die zwei im Sinne Purkinje's für die Schichten der ausgebildeten Antherenwand zu behalten. Wird man sie auf die Schichten der unreifen Anthere überführen, stösst man auf verchiedene Misslichkeiten. Das Endothecium bei Chatin (De l'anthère, S. 33—37) entspricht im Allgemeinen nur der von mir tapezierende Schicht genannten Wandbekleidung des Faches; er beschreibt nämlich die schliesslich papillenförmige Ausbildung deren Zellen, sagt ferner: »il faut compter la coloration parmi les caractères de la troisième membrane« (l. c. S. 34) und später: »Une seule assise d'utricules constitue ordinairement la troisième membrane«. Nur bei wenigen Pflanzen erwähnt er, dass sie von mehreren Schichten gebildet ist. Die transitorischen Zellen, welche zwischen »la troisième membrane« oder seinem »Endothecium« und »la seconde membrane«, der fibrösen Schicht oder dem »Endothecium« Purkinje's, wahrscheinlich überall vorkommen, eine oder mehrere Zellenschichten bildend, hat er wohl somit im Allgemeinen übersehen; bei *Passiflora* bildet er eine solche Schicht ab (Pl. 1—2), rechnet sie aber zu »la seconde membrane«. Das Endothecium Chatin's, oder meine tapezierende Schicht verdient nun jedenfalls wegen seiner oft sehr abweichenden Ausbildung einen besonderen Namen; darf daher auch nicht mit dem anderen transitorischen Gewebe unter einem Namen vereinigt werden, denn besonders was die zwischen ihm und der persistenten (gewöhnlich fibrösen) Schicht liegenden transitorischen Wandzellen betrifft, ist die Entstehung eine verschiedene: diese stammen nur von der ersten Periblemschicht ab, jenes zum Theil auch von dem inneren Periblem. Die transitorischen mittleren Zellenschichten dürfen aber umgekehrt auch nicht mit den persistenten unter gemeinsamer Benennung gehen, obwohl sie auf die nämliche Weise entstanden sind. Auf der einen Seite entsprechen also auch die Benennungen Chatin's nicht dem genetischen

Verhalten der Schichten, auf der anderen Seite scheinen mir seine drei Namen überhaupt nicht ohne Misslichkeiten angewendet zu werden. Ich halte es daher für rathsam, bei der unreifen Anthere nur von Epidermis, persistenten und transitorischen, dem sekundären Peribleme gehörenden und, wo solche vorkommen, tapezierenden Schichten zu sprechen; die Namen *Exothecium* und *Endothecium* in Uebereinstimmung mit Purkinje für die reife Anthere zu benutzen.

Endlich haben wir noch Chatin selbst specieller zu nennen. Seine schon früher partiell publicirten Beobachtungen[1]) sammelte er in eine grosse mit 36 künstlerisch sehr vollkommenen Tafeln ausgestattete Arbeit: De l'anthère[2]). Der Verdienst dieser Arbeit scheint mir besonders in der ungeheuren Menge von Specialia, den Bau der fertigen Antheren-Wand betreffend, die dort gesammelt sind, zu liegen; denn von neuen mehr generellen Thatsachen oder neuen Gesichtspunkten werden eigentlich sehr wenige hervorgezogen. Durch die grosse Menge von Beobachtungen werden aber unsere Kenntnisse in verschiedener Hinsicht unstreitbar bedeutend erweitert. Er ist der erste, der die Aufmerksamkeit auf das bei vielen gamopetalen Familien, besonders aus dem Verwandtschaftskreise der Solaneen, vorkommende, von der Scheidewand zwischen den Fächer in diese hineinragende Zellgewebe, welches er »Placentoide« nennt, gerichtet hat. In einigen Punkten glaubt er grössere Verdienste zu haben, als wohl der Fall sein dürfte, wie z. B. was die von Purkinje, Mohl und anderen erwähnten Zellen mit sternförmiger Verdickung betrifft, von denen ich schon oben sprach (S. 70).

Ueber die Frage, welche uns hier am nächsten beschäftigt, drückt er sich folgendermassen aus. In der jungen Anthere sieht man Folgendes: »Les utricules répondant au milieu de la masse tissulaire de chacun des demi-lobes latéraux se dilatent, en même temps qu'à leur intérieur, se développe un assez volumineux nucléus: ces utricules

1) 1862: Bulletin de la soc. bot de France, IX, S. 461; Comptes rendus, LV, S. 912; 1863: Bull. soc. bot. France X, S. 281; 1865: ibid vol. XII, S. 103, 140; Bulletin du Congrés international de botanique et d'horticulture, Amsterdam 1865. 1866: Comptes rendus, LXII, S. 126, 172, 215, 285; Bull. soc. bot. France XIII, S. 81; zum Theil nach seinen eigenen Citaten.

2) Adolphe Chatin, de l'anthère, recherches sur le développement, la structure et les fonctions de ses tissus, Paris 1870.

sont les utricules polliniques« (l. c. S. 11). Später (S. 14) sagt er, dass von den verschiedenen Anschauungen über die morphologische Natur der Thecae diejenige die wahre ist, welche die Fächer auf Kosten der centralen Portion vom Mesophyll entstehen lässt.

Dieser Darstellung entsprechen seine Figuren auf der ersten Tafel. Von einer Nägeli'schen Central-Zellenreihe in jedem Fache ist also keine Rede; er steht denn also im Allgemeinen ganz auf dem Standpunkte Brongniart's, Mohl's und Mirbel's, und das darf man wohl einen Fortschritt nennen, weil er sich weniger von der Wahrheit entfernt, als die meisten neueren Botaniker, welche Nägeli folgten.

Fragen wir nun, wie es denn kommt, dass man nicht schon vor langer Zeit den oben von mir geschilderten häufigsten Zellenbildungsprocess bei Entstehung der Pollen-Urmutterzellen und der Schichten der Antheren-Wand aus der äussersten Periblem-Schicht richtig erkannt hat, so glaube ich verschiedene Gründe hierfür angeben zu können. Einer ist die Wahl der Untersuchungsobjecte, denn hier ist zu bemerken, dass die meisten Botaniker seit Brongniart sich mit den selbigen Arten beschäftigten, nämlich vorzugsweise *Cucurbita* und *Oenothera*, und merkwürdiger Weise sind grade so wohl diese wie auch die von Sachs abgebildete Malvacée [1]) und wohl ebenso die von Nägeli vorzugsweise studirte *Lilium tigrinum* sehr ungünstige Objecte. *Oenothera* und die *Malvaceen* gehören eben zu denjenigen Pflanzen, bei welchen, wie bei den Compositen, sehr wenige Urmutterzellen angelegt werden, warum es wirklich oft der Fall ist, dass diese einfache senkrechte Zellenreihen bilden. Ebenso habe ich, wie schon oben erwähnt, bei den Cucurbitaceen und Monocotyledonen mehr Schwierigkeiten gefunden wie sonst, um die Verhältnisse recht deutlich zu sehen, und es wäre wirklich wohl möglich, dass Zellen, die dem inneren Periblem, nicht der bevorzugten ersten Schicht, angehören, hier und bei anderen Pflanzen als Urmutterzellen des Pollens fungiren, welches mehr in Uebereinstimmung mit der Brongniart'schen Anschauung sein würde.

Ein anderer Grund ist in den vorgefassten Meinungen zu suchen, welche durch die mit so grosser Bestimmtheit von Nägeli ausgespro-

1) Lehrbuch, 1870, S. 453.

chene Theorie eingeführt wurden, und welche überhaupt in der Naturforschung leider zu oft die Beobachtungen ungenau machen, den Blick verschleiern.

Drittens muss man es auch den verbesserten Untersuchungsmethoden zuschreiben, dass die Verhältnisse sich jetzt in einem klareren und, wie ich hoffe, wahreren Licht sehen lassen. Möchten andere Botaniker nun meine Untersuchungen erweitern und deren Richtigkeit bestätigen.

Kopenhagen, im December 1872.

Erklärung der Abbildungen.

Allgemeine Bezeichnungen.

p—p bezeichnet die Pollen-Urmutter- oder Mutterzellen (deren Wände an älteren Entwickelungsstadien dunkler gezeichnet sind).

r, radiale und senkrechte Theilungswände.

h, horizontale Theilungswände.

1, 2, 3 ..., die tangentialen Wände nach ihrer Entstehungsfolge.

f, der Fibrovasalstrang des Connexivs.

m, Aufspringungssutur der Anthere.

e, Epidermis.

t, Tapezierende Schicht der Fächer.

s, Spiralfaserzellen.

Die meisten Vergrösserungen sind 300—400 mal.

Tafel I.

Datura Stramonium.

(Fig. 1—12.)

Fig. 1. Querschnitt einer jungen Anthere.

Fig. 2. Histologisches Bild der Hälfte eines solchen.

Fig. 3—4. Partieen von zwei weiter entwickelten Antheren; Querschnitte.

Fig. 5. Partie eines Längsschnitts durch den basalen Theil einer Anthere.

Fig. 6. Theil eines Querschnitts einer Anthere; stärkere Vergrösserung wie bei den übrigen von dieser Art gegebenen histologischen Abbildungen.

Fig. 7. Querschnitt einer Anthere, die Schichten der Pollen-Urmutterzellen zeigend; Entwickelungsgrad wie in Fig. 6.

Fig. 8. Partie eines Längsschnitts.

Fig. 9. Partie eines Querschnitts, den Uebergang von der an der Aufspringungssutur ungetheilten ersten Periblemschicht in die stark getheilte Partie zeigend.

Fig. 10. Partie eines Querschnitts von einer älteren Anthere.

Fig. 11. Querschnitt einer Anthere, deren Pollen-Mutterzellen in Viertheilung sind.
Fig. 12. Partie dieses Querschnitts an der Aufspringungssutur.

Verbena hybrida.

(Fig. 13—16.)

Fig. 13. Vorderes Viertel des Querschnitts einer Anthere.
Fig. 14. Partie des Längsschnitts einer älteren.
Fig. 15. Linke Hälfte eines Querschnitts; ältere Stufe.
Fig. 16. Rechtes vorderes Viertel eines Querschnitts.

Eschholtzia Califórnica.

(Fig. 17.)

Fig. 17. Rechte Hälfte eines Querschnitts.

Tafel 2.

Crysanthemum Leucanthemum.

(Fig. 1—9.)

Fig. 1. Querschnitt einer ganz jungen Anthere.
Fig. 2—4. Querschnitte von älteren Antheren, nach ihrem Alter geordnet.
Fig. 5. Partie eines Längsschnittes.
Fig. 6—7. Partien von Längsschnitten durch basale Theile von Antheren, und zum Theil den Uebergang der ungetheilten Periblemschicht in die getheilte darstellend.
Fig. 8. Querschnitt einer Anthere vor der Tetradentheilung.
Fig. 9. Partie eines Längsschnitts, auf derselben Entwickelungsstufe.

Aracium paludosum.

(Fig. 10.)

Fig. 10. Linke Hälfte eines Querschnitts.

Scopolia atropoides.

(Fig. 11—18.)

Fig. 11. Querschnitt einer ganz jungen Anthere.
Fig. 12. Linkes oberes Viertel einer älteren.
Fig. 13. Querschnitt einer noch älteren Anthere.
Fig. 14. Linke Hälfte dieses Querschnitts.
Fig. 15. Hälfte des Querschnitts einer älteren Anthere.
Fig. 16. Linkes oberes Viertel desselben.

Fig. 17. Partie eines Querschnitts an der Aufspringungssutur.
Fig. 18. Wand der fast reifen Anthere.

Tafel 3.

Symphytum orientale.

(Fig. 1—8.)

Fig. 1. Querschnitt einer ganz jungen Anthere.
Fig. 2. Querschnitt einer älteren.
Fig. 3. Rechte Hälfte des Querschnitts einer noch älteren Anthere.
Fig. 4. Querschnitt einer Anthere, bei der schon eine Menge Pollen-Mutterzellen gebildet worden sind.
Fig. 5. Rechte Hälfte derselben.
Fig. 6. Querschnitt einer Anthere vor der Tetradentheilung der Pollen-Mutterzellen.
Fig. 7. Linke Hälfte derselben.
Fig. 8. Partie der Wand einer reifen Anthere.

Scrophularia nodosa.

(Fig. 9—10.)

Fig. 9. Theil eines etwas schief geführten Querschnitts durch eine Anthere.
Fig. 10. Theil eines Längsschnitts eines gleichaltrigen.

Mentha aquatica.

(Fig. 11—13.)

Fig. 11. Linkes oberes Viertel des Querschnitts einer Anthere.
Fig. 12. Querschnitt der Anthere, die in Fig. 11 abgebildet ist.
Fig. 13. Partie eines Längsschnitts.

Galium Mollugo.

(Fig. 14—15.)

Fig. 14. Querschnitt einer jungen Anthere.
Fig. 15. Linke Hälfte einer lteren.

Campanula Trachelium.

(Fig. 16—17.)

Fig. 16. Linkes vorderes Viertel des Querschnitts einer Anthere.
Fig. 17. Hinteres Viertel einer älteren Anthere.

Zannichellia macrostemon.

(Fig. 18—19.)

Fig. 18. Querschnitt einer Anthere.
Fig. 19. Histologisches Bild der Hälfte dieses.

Taf. 4.

Melilotus albus.

(Fig. 1—7.)

Fig. 1. Querschnitt einer jungen Anthere.
Fig. 2. Rechte Hälfte des Querschnitts einer älteren.
Fig. 3. Längsschnitt durch ein Staubblatt die ganze Theilung der ersten Periblemschicht zeigend.
Fig. 4. Querschnitt einer Anthere auf älterer Entwickelungsstufe; rechte Hälfte.
Fig. 5. Partie am oberen Ende eines Längsschnitts.
Fig. 6. Rechte Hälfte einer Anthere vor der Ausbildung der Faser; die Pollen-Körner sind getrennt.
Fig. 7. Partie der reifen Wand, an der Aufspringungssutur.

Epilobium angustifolium.

(Fig. 8—13.)

Fig. 8. Querschnitt einer jungen Anthere.
Fig. 9. Hälfte des Querschnitts einer älteren Anthere.
Fig. 10. Viertel eines Querschnitts durch eine noch ältere.
Fig. 11. Querschnitt einer Anthere, die auf etwa derselben Entwickelungsstufe steht wie die Fig. 10 abgebildete.
Fig. 12. Partie der Antherenwand vor Bildung der Faser in der äussersten der sekundären Periblem-Schichten.
Fig. 13. Partie eines Querschnitts an der Aufspringungslinie.

Arabis albida.

(Fig. 14—17.)

Fig. 14. Querschnitt einer ganz jungen Anthere.
Fig. 15. Linke Hälfte einer älteren Anthere, im Querschnitt.
Fig. 16. Querschnitt einer noch älteren.
Fig. 17. Linke Hälfte des Querschnitts einer Anthere vor der Tetradentheilung.

Taf. 5.

Malva silvestris.

(Fig. 1—6.)

Fig. 1. Querschnitt durch eine ganz junge Anthere.
Fig. 2. Aehnlicher durch eine wenig ältere; das innere Gewebe war nicht recht deutlich.
Fig. 3. Querschnitt durch eine noch ältere Anthere.
Fig. 4. Längsschnitt einer älteren Entwickelungsstufe.
Fig. 5. Querschnitt durch eine der vorhergehenden an Alter entsprechende Anthere.
Fig. 6. Wand einer Anthere vor der Reife.

Acacia decipiens.

(Fig. 7—12.)

Fig. 7. Ganz junges Staubblatt.
Fig. 8. Querschnitt desselben.
Fig. 9. Aeltere Entwickelungsstufe, im Längsschnitt.
Fig. 10. Noch ältere Stufe, im Längsschnitt.
Fig. 11. Querschnitt einer Entwickelungsstufe, auf der die Pollen-Urmutterzellen zum Vorschein kommen.
Fig. 12. Partie einer weit entwickelten Anthere; die Urmutterzelle des Pollen-Korns ist in zwei zerfallen.

Bryonia alba.

(Fig. 13—14.)

Fig. 13. Querschnitt einer jungen Anthere.
Fig. 14. Querschnitt einer älteren, völlig angelegten.

Tropaeolum tricolorum.

(Fig. 15—17.)

Fig. 15. Querschnitt einer ganz jungen Anthere.
Fig. 16. Querschnitt einer älteren; die Pollen-Mutterzellen sind als Gruppen heller Zellen in der Anthere sichtbar.
Fig. 17. Hälfte des Querschnitts einer noch älteren Stufe.

Taf. 6.

Cyclanthera pedata.

Fig. 1—2. Längsschnitt durch eine junge männliche Blüthe.
Fig. 3. Längsschnitt durch eine ältere, und

Fig. 4. Partie dieses Längsschnitts. Der Bau des Perigonium tritt gewöhnlich regelmässiger hervor.

Fig. 5. Längsschnitt einer noch älteren Blüthe, und

Fig. 6. Histologisches Bild der Achsenspitze derselben.

Fig. 7—8. Zwei den vorhergehenden zwei Figuren entsprechende Abbildungen, ein älteres Stadium darstellend.

Fig. 9. Längsschnitt durch eine Blüthe, deren Achse sich seitlich verbreitet um die dicke Discus-Form anzunehmen.

Fig. 10—11. Hälften von Längsschnitten fast gleichaltriger Antheren.

Fig. 12. Partie eines Längsschnitts durch eine dieser Pollen bildenden Achsen; die Tangentialwände dritter Ordnung treten hervor.

Fig. 13. Partie eines Querschnitts.

Fig. 14. Partie eines Längsschnitts; die Tangentialwände dritter Ordnung treten hervor.

Fig. 15. Theil eines Querschnitts durch die Anthere.

Fig. 16. Längsschnitt durch eine männliche Blüthe vor der Tetradentheilung.

Fig. 17. Theil der Antherenwand vor der Auflösung der beiden Zellenschichten.

Fig. 18. Partie einer ganz ausgebildeten Wand; Theile der aufgelösten inneren Wände kleben der Innenseite der Spiralfaserschicht an.

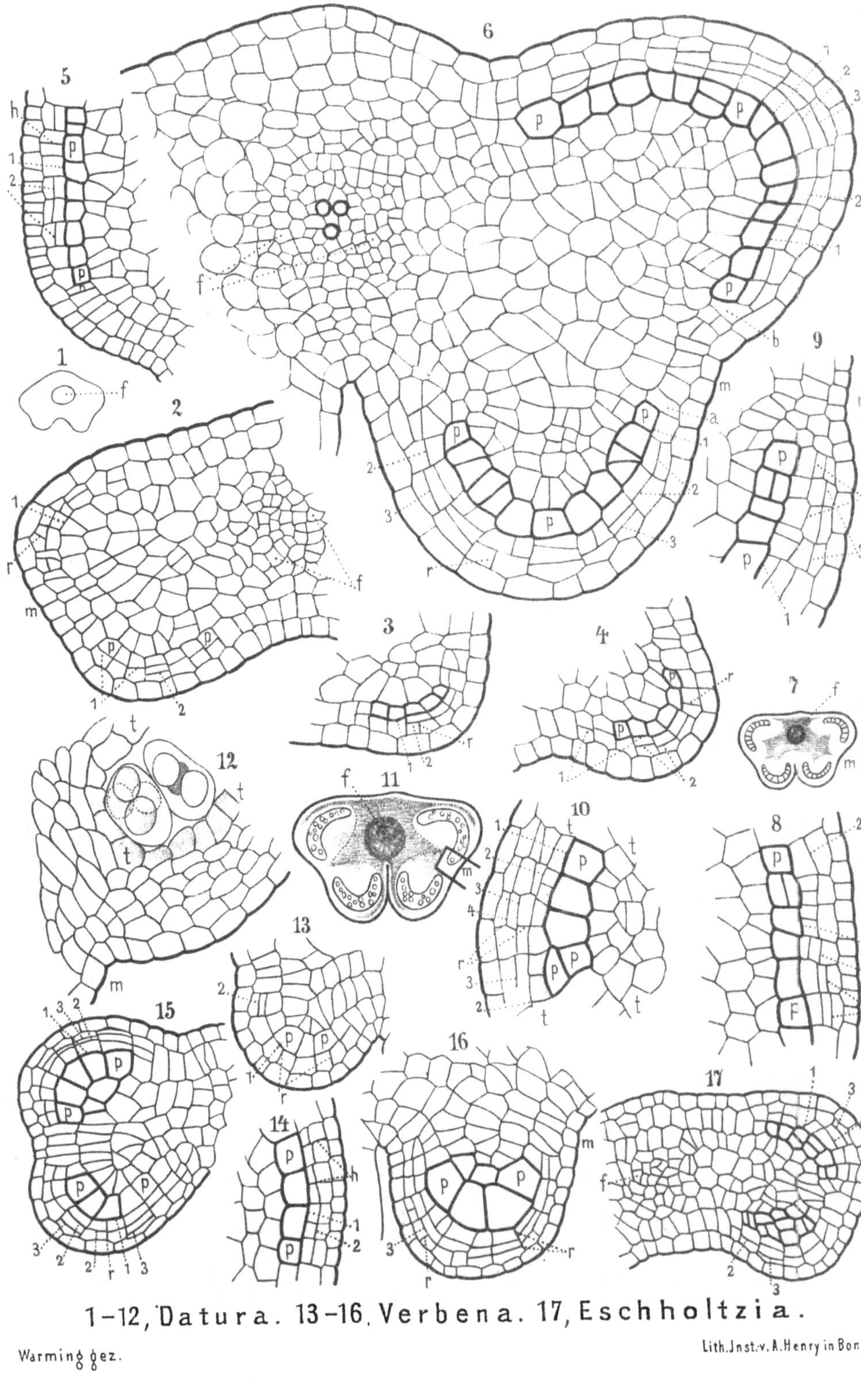

1–12, Datura. 13–16, Verbena. 17, Eschholtzia.

Warming gez.

Lith. Inst. v. A. Henry in Bonn

Taf. 2.

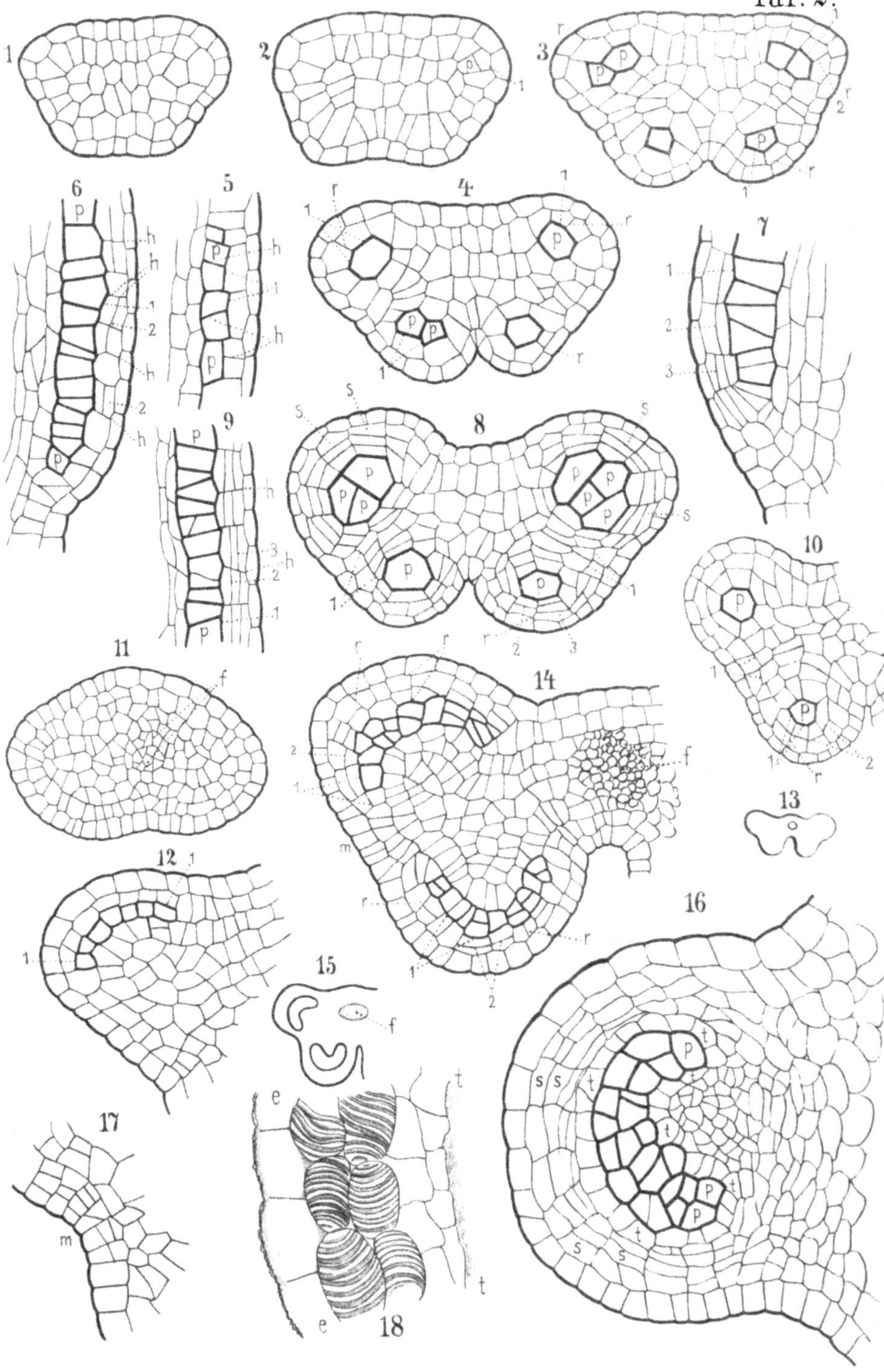

1–9, Chrysanthemum. 10, Aracium. 11–18, Scopolia.

Warming gez. Lith. Jnst. v. A. Henry in Bonn

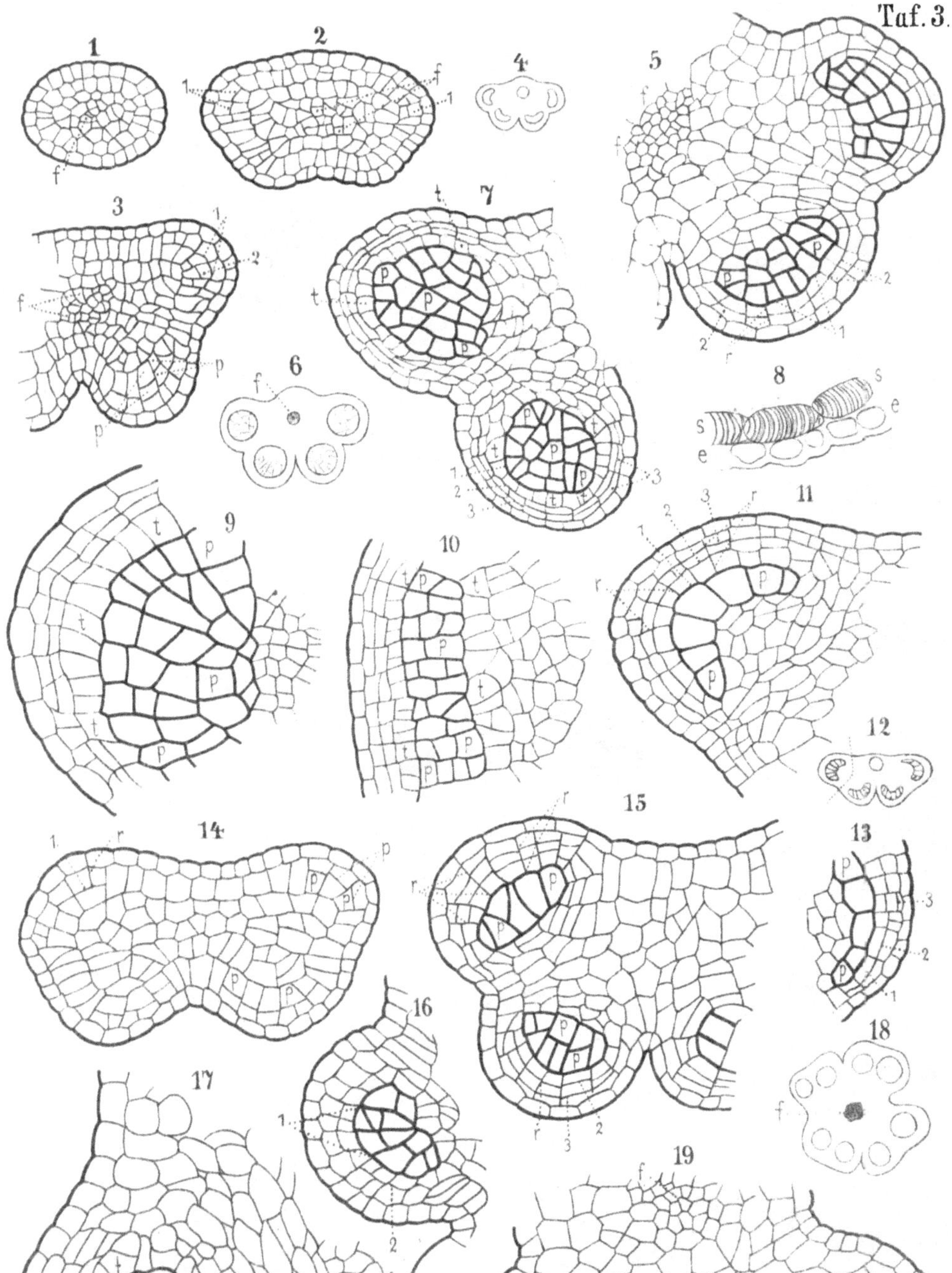

1–8, Symphytum. 9–10, Scrophularia. 11–13, Mentha.
14–15, Galium. 16–17, Campanula. 18–19, Zannichellia.

Warming gez. Lith. Jnst. v. A. Henry in Bonn

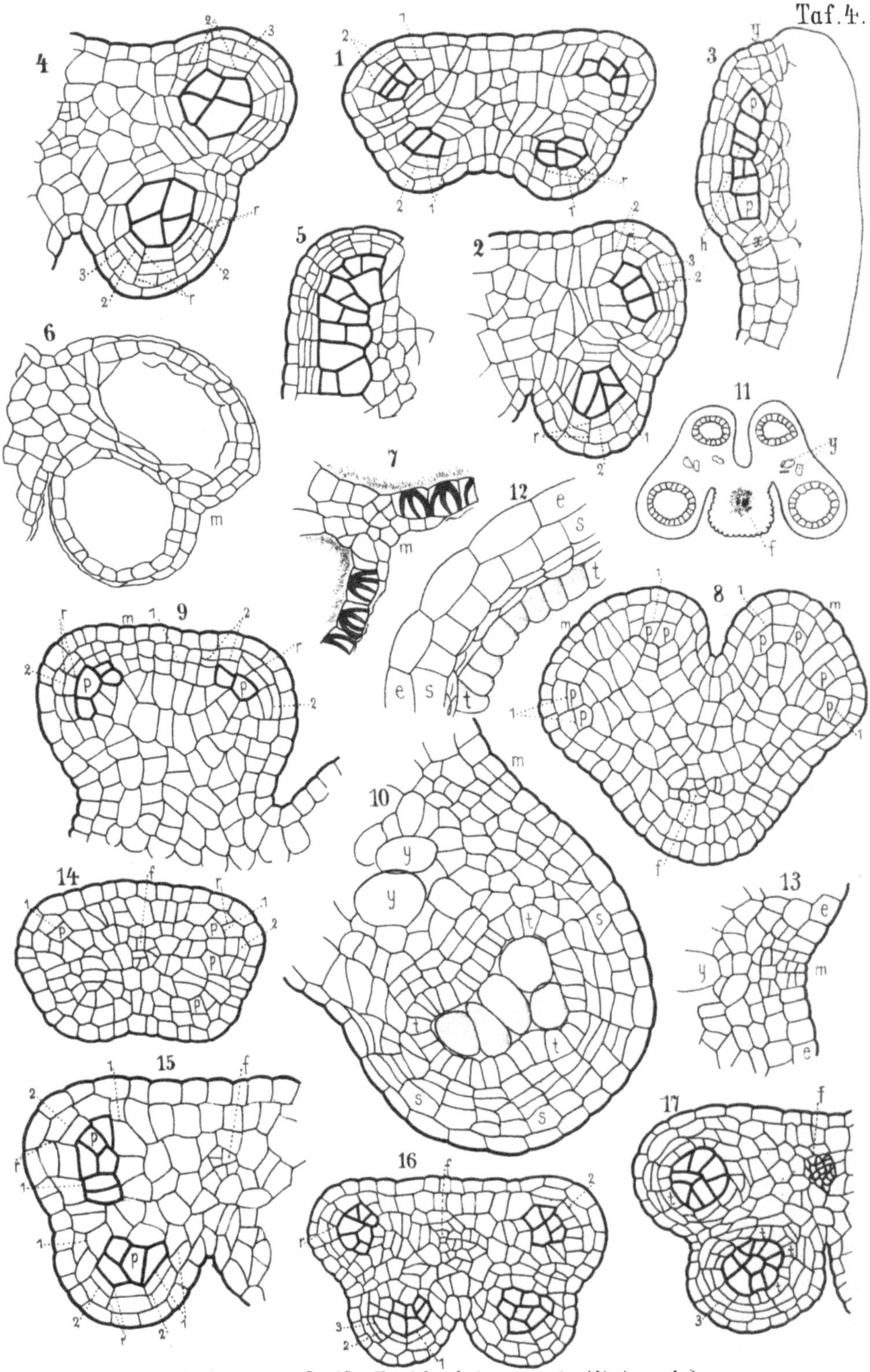

1–7, Melilotus. 8–13, Epilobium, 14–17, Arabis.

Warming gez.

Lith. Jnst. v. A. Henry in Bonn

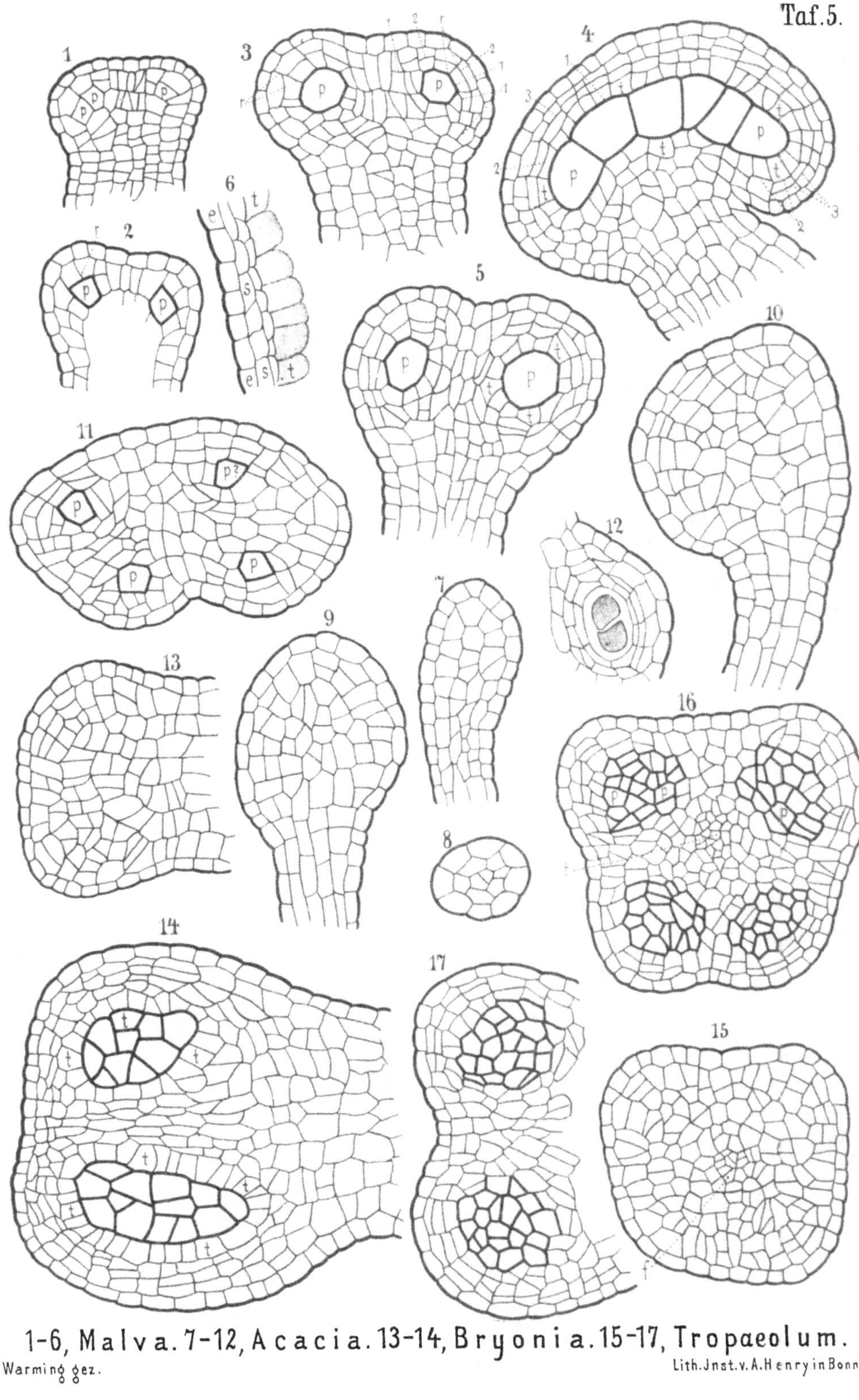

1-6, Malva. 7-12, Acacia. 13-14, Bryonia. 15-17, Tropaeolum.

Warming gez. Lith. Jnst. v. A. Henry in Bonn.

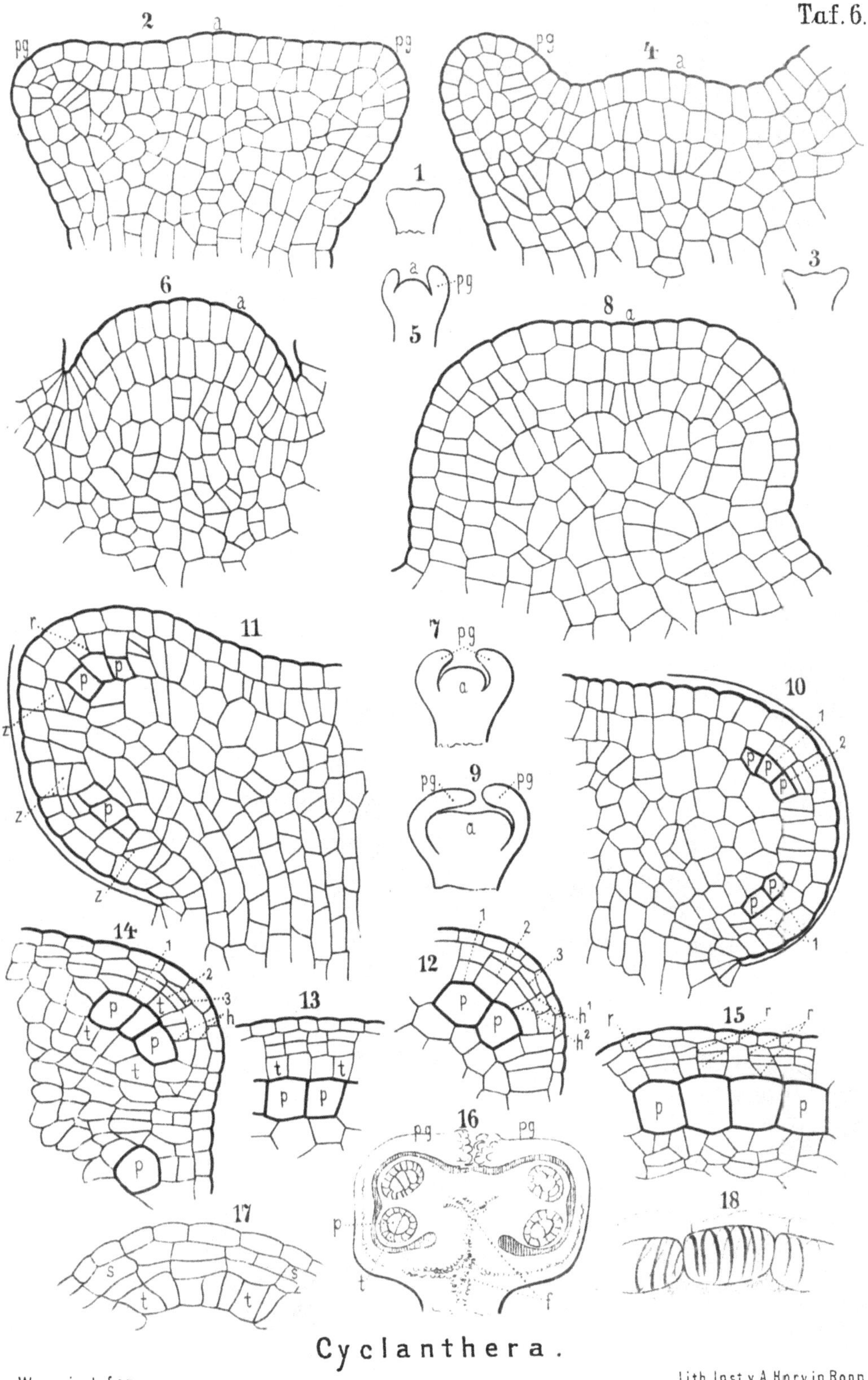

Cyclanthera.

Warming gez.

Lith. Jnst. v A. Henry in Bonn

Das I. Heft des **1. Bandes** der

Botanischen Abhandlungen

enthält:

Die Entwicklung des Keimes der Monokotylen und Dikotylen von **Dr. Johannes Hanstein.** Mit 18 lithographirten Tafeln. 1870. Preis 2 Thlr. 25 Sgr.

Das II. Heft enthält:

Untersuchungen über Bau und Entwicklung der Bacillariaceen (Diatomaceen) von **Dr. Ernst Pfitzer.** Mit 6 Tafeln in Farbendruck. 1871. Preis 2 Thlr. 10 Sgr.

Das III. Heft enthält:

Untersuchungen über Wachsthumsgeschichte und Morphologie der Phanerogamen-Wurzel von **Johannes Reinke.** Mit 2 lithographirten Tafeln. 1871. Preis 25 Sgr.

Das IV. Heft enthält:

Die Entwicklung des Keimes der Gattung Selaginella von **W. Pfeffer.** Mit 6 lithographirten Tafeln. 1871. Preis 1 Thlr. 20 Sgr.

Das I. Heft des **2. Bandes** enthält:

Die Blüthen-Entwicklung der Piperaceen von **Dr. Fr. Schmitz.** Mit 5 lithographirten Tafeln. 1872. Preis 1 Thlr. 5 Sgr.

FSC
www.fsc.org
MIX
Papier | Fördert
gute Waldnutzung
FSC® C083411

Zeitfracht Medien GmbH
Ferdinand-Jühlke-Straße 7
99095 Erfurt, Deutschland
produktsicherheit@kolibri360.de